面向"十二五"高职高专规划教材·计算机系列

服务器搭建与管理
——Windows Server 2003

侯廷刚　刘　玲　许冰岩　李志梅　编著

范　波　主审

清华大学出版社
北京交通大学出版社
·北京·

内容简介

本教材基于某公司局域网服务器搭建之完整方案，并在其严格约束下，以教会学生工作为方针，以 Windows Server 2003（企业版）为工具，以工作过程的逻辑结构为主线，努力实现活动体系、技术体系和知识体系的有机融合，致力于把方案实施的全过程完整地呈现给学生。考虑到高职学生的知能图式和身心特点以及"格物致知"、"学以致用"的教学理念，本教材不求"全"，而是从工作需要出发，着重讲解如下内容：网络操作系统的选择和安装及基本管理，域控制器的安装及管理，DNS、DHCP、Web、FTP 等服务器的搭建及管理。

本教材既可以用于高职相关专业的教学，也可以用于同类型、同层次的培训或自学爱好者学习局域网服务器搭建指导。

图书在版编目（CIP）数据

服务器搭建与管理：Windows Server 2003 / 侯廷刚等编著 . —北京：清华大学出版社；北京交通大学出版社，2011.7

（面向"十二五"高职高专规划教材·计算机系列）

ISBN 978 - 7 - 5121 - 0641 - 3

Ⅰ. ① 服…　Ⅱ. ① 侯…　Ⅲ. ① 服务器软件，Windows Server 2003 - 高等学校 - 教材

Ⅳ. ① TP316. 86

中国版本图书馆 CIP 数据核字（2011）第 141498 号

责任编辑：赵彩云

出版发行：清 华 大 学 出 版 社　　邮编：100084　　电话：010 - 62776969
　　　　　北京交通大学出版社　　邮编：100044　　电话：010 - 51686414

印　刷　者：北京交大印刷厂

经　　销：全国新华书店

开　　本：185×260　　印张：10.5　　字数：263 千字

版　　次：2011 年 8 月第 1 版　　2011 年 8 月第 1 次印刷

书　　号：ISBN 978 - 7 - 5121 - 0641 - 3/TP · 651

印　　数：1～4 000 册　　定价：19.00 元

本书如有质量问题，请向北京交通大学出版社质监组反映。对您的意见和批评，我们表示欢迎和感谢。

投诉电话：010 - 51686043，51686008；传真：010 - 62225406；E-mail：press@bjtu. edu. cn。

前　言

　　服务器搭建与管理是局域网建设、运行和日常维护工作中的重要内容，进而成为网络管理人员工作能力中必不可少的的重要组成部分。因此，服务器搭建与管理也就顺理成章地成了一门举足轻重的专业课程。

　　基于恰当载体，把课程以特定的形式具化下来，就形成了教材。课程规定了需要达到的知识目标和能力目标，教材则具体描述并展示了达到相应目标的特定途径。教材是师生交流的桥梁，是学生由职业上的"新手"到"生手"甚至"熟手"转变的"路线图"。

　　本教材撰写的具体策略是：始终坚持职业教育的职业性原则和"格物致知"、"学以致用"的教学理念，遵循学生的身心发展规律和职业成长规律，在确切把握学生的知能图式的基础上，充分运用最近发展区理论，严格以教会学生工作为方针，以工作任务的完整性为约束，以工作过程的逻辑结构为主线，努力实现活动体系、技术体系和知识体系的有机融合。因此，在实际的教学活动中，本教材能够支持教学过程对接工作过程，以便于用工作过程这一条明线串起职业技能的习得、工作方法的锻造、知识体系的构建、工作态度的惯成、职业道德的培养等五条暗线，努力实现工作任务的完成过程与学生心理结构的建构过程同步，从而使学生在"职业"的情境中，以职业的方式丰富自己的"职业阅历"、完善自己的知能图式、提高自己的职业能力。

　　本教材采用任务—行动结构设计。对每一个任务，均采用"工作任务先行"的方式，并致力于按照完成工作任务的实际过程来引导学生完成知能图式的构建和职业能力的提高。为了能更好地发挥本教材的教学效力，在这里需要特别提出如下六点说明或建议。

　　1. 第一单元的任务一给出了本教材所基于的灵岩佳美服饰有限公司局域网服务器搭建之完整方案。这是整本教材的"纲"，后面的所有内容都是围绕着该方案的实施而展开的。另外，该完整方案不仅蕴涵了绝大部分的课程目标，而且还蕴涵了对实训环境配置的若干要求。因此不管是学生为了"学"，还是教师为了"教"，都很值得花力气把它真正吃透。

　　2. 其他五个单元的第一个任务，都是对本单元欲完成之任务的方案的呈现，是本单元的"纲"。很显然，只有把握住了方案，才有可能将方案实施好。

　　3. 由学会知识、掌握操作技能，到能实际工作是有段距离的，因为学生们不知道欲完成当前工作需要使用哪些知识、选择哪些技能以及如何把这些技能在理论知识的指导下按照什么样的逻辑顺序依次完成。为了帮助学生有效地克服这段距离，本教材中的每个任务都包含了一个称为"任务分析"（或"方案描述"）的部分，在该部分给出了任务的解决方案，其目的就是让学生体验完成工作任务的完整的思维过程，以帮助他们掌握完整工作过程之工作环节的逻辑结构，即内在的、在相当长的时期内相对固定的、不以工作手段为转移的工作步骤。只有掌握了完成工作任务的完整的思维过程，才能不被因具体环境的特殊性而导致的特殊的工作步骤所束缚，从而真正做到举一反三，进一步为日后的能力迁移扎下根基。

4. 为了能够积极高效地提高学生的能力水平，每个任务还包含了一个称为"学习反思"的部分，在该部分主要给出了完成任务时所采取的具体策略。这些策略是作者经验积累的结果，凝聚着作者的心血和智慧。

5. 指望通过一个任务展现所有知识点和技能点是不现实的，也是不可能的。为了解决这个问题，我们把那些需要呈现但可能使用频率又不太高的知识点或技能点，放到了任务中的"知识拓展"部分。

6. 由于本教材以工作过程的逻辑结构为主线来呈现知识和技能，所以它是为教学过程对接工作过程而撰写的。因此，编者极力建议以"做中学"的学习策略和与之相适应的"做中教"的教学策略使用本教材。实际上，工作过程中的有效体验才是提高职业能力的首要途径。

本教材的框架结构由侯廷刚设计。参加编写的有刘玲（第一、二单元）；许冰岩（第三、四单元）；李志梅（第五、六单元）。全书由侯廷刚统稿，范波主审。对于本书的学时安排，作者建议：第一单元 12 课时（含讲评，以下同）、第二单元 10 课时；第三单元 10 课时、第四单元 16 课时、第五单元 12 课时、第六单元 10 课时，机动 4 课时，共 74 课时。

需要特别指出的是，本教材所呈现的课程内容，主要基于 2010 年河北省职业教育教学改革研究课题"网络安防系统安装与维护专业教学整体解决方案研究"的阶段性研究成果。本教材是该课题的成果之一。

本教材在编写过程中，参考了一些教材，同时还得到了来自互联网等多方面的帮助。在这里表示感谢！

由于时间仓促，编写不足之处，敬请读者批评指正！联系邮件：tlmonkey@163.com。

编　者

2011 年 7 月

目 录

Windows Server 2003 的
安装和基本管理

任务一　网络操作系统的选择

一、项目阐述

灵岩佳美服饰有限公司是一家以生产和销售服装为主的公司，公司规模较大。由于工作需要，希望在公司局域网中搭建服务器以满足公司内计算机的集中管理及信息共享和发布。

公司领导任命网络管理员夏侯仲秋（雅号：水皮映月）为该项目的总负责人，负责项目的设计和实施。

二、知识准备

网络操作系统就好比网络的心脏和灵魂，负责管理整个网络的资源。它是能使网络上各台计算机方便有效地共享资源，并为用户提供所需要的各种服务的操作系统软件。

目前局域网中主要使用以下几类网络操作系统。

1. Windows 类操作系统

对于这类操作系统相信用过计算机的人都不会陌生，这是全球最大的软件开发商——Microsoft（微软）公司开发的。微软公司的 Windows 系统不仅在个人操作系统中占有绝对优势，在网络操作系统中也具有非常强劲的力量。这类操作系统在局域网配置中是最常见的，但由于其稳定性能不是很高，所以微软的网络操作系统一般只用在中低档服务器中，高端服务器通常采用 UNIX、Linux 或 Solairs 等非 Windows 操作系统。在局域网中，微软的网络操作系统主要有 Windows NT 4.0 Serve、Windows 2000 Server/Advance Server，以及 Windows 2003 Server/Advance Server 等，工作站系统可以采用任一 Windows 或非 Windows 操作系统，包括个人操作系统，如 Windows 9x/ME/XP 等。

在整个 Windows 网络操作系统中最为成功的还要算 Windows NT 4.0 这一套系统了，它几乎成为中、小型企业局域网的标准操作系统。一则是它继承了 Windows 家族统一的界面，使用户学习、使用起来更加容易；再则它的功能也的确比较强大，基本上能满足所有中、小型企业的各项网络需求。虽然相比 Windows 2000/2003 Server 系统来说，在功能上要逊色许多，但它对服务器的硬件配置要求要低许多，可以在更大程度上满足许多中、小企业的 PC 服务器配置需求。

Windows Server 2003 系列在 Windows 2000 Server 核心功能的基础上进行了改进，并新增了一些功能，使其在硬件支持、服务器部署、网络安全性和可靠性以及 Web 应用等方面都提供了较 Windows 2000 Server 更好的支持。

1

Windows Server 2003 标准版是为小型企业单位和部门而设计的，它的可靠性、可伸缩性和安全性完全能够满足小型局域网的部署要求。

Windows Server 2003 企业版是面向大中型企业而设计的，除了包含标准版的全部功能外，还支持更加强大的功能——支持高性能服务器，以及将服务器群集在一起，处理更大负载的能力。这些功能提高了系统的可靠性，即确保无论是出现系统失败，还是应用程序变得很大，系统仍然可用。

Windows Server 2003 Datacenter 版是 Windows Server 2003 系列中功能最强的版本。与 Windows 2000 Datacenter 一样，它也不单独销售。

Windows Server 2003 Web 版是专为用作 Web 服务器而构建的操作系统，为 Internet 服务提供商、应用程序开发人员及其他只想使用或部署特定功能的用户提供了一个单用途的解决方案。

2. NetWare 类

NetWare 操作系统虽然远不如早几年那么风光，在局域网中失去了当年雄霸一方的气势，但是 NetWare 操作系统仍以对网络硬件的要求较低（工作站只要是 286 机就可以了）而受到一些设备比较落后的中、小型企业，特别是学校的青睐。人们一时还忘不了它在无盘工作站组建方面的优势，还忘不了它那毫无过分需求的大度。且因为它兼容 DOS 命令，其应用环境与 DOS 相似，经过长时间的发展，具有相当丰富的应用软件支持，技术完善、可靠。目前常用的版本有 3.11、3.12、4.10、4.11、5.0 等中英文版本。NetWare 服务器对无盘站和游戏的支持较好，常用于教学网和游戏厅。目前这种操作系统的市场占有率呈下降趋势，这部分的市场主要被 Windows NT/2000 和 Linux 系统瓜分了。

3. UNIX 系统

目前常用的 Unix 系统版本主要有 UNIX SUR4.0、HP-UX 11.0，SUN 的 Solaris8.0 等。支持网络文件系统服务，提供数据等应用，功能强大，由 AT&T 和 SCO 公司推出。这种网络操作系统稳定和安全性能非常好，但由于它多数以命令方式来进行操作，不容易掌握，特别是初级用户。正因如此，小型局域网基本不使用 UNIX 作为网络操作系统，UNIX 一般用于大型的网站或大型的企事业局域网中。UNIX 网络操作系统历史悠久，其良好的网络管理功能已为广大网络用户所接受，拥有丰富的应用软件的支持。目前 UNIX 网络操作系统的版本有 AT&T 和 SCO 的 UNIX SVR3.2、SVR4.0 和 SVR4.2 等。UNIX 本是针对小型机主机环境开发的操作系统，是一种集中式分时多用户体系结构。因其体系结构不够合理，UNIX 的市场占有率呈下降趋势。

4. Linux

这是一种新型的网络操作系统，它的最大的特点就是源代码开放，可以免费得到许多应用程序。目前也有中文版本的 Linux，如 REDHAT（红帽子）、红旗 Linux 等。在国内得到了用户的充分肯定，主要体现在其安全性和稳定性方面，它与 Unix 有许多类似之处。但目前这类操作系统主要应用于中、高档服务器中。

总的来说，对特定计算环境的支持使得每一个操作系统都有适合于自己的工作场合，这就是系统对特定计算环境的支持。例如，Windows 2000 Professional 适用于桌面计算机，Linux 目前较适用于小型的网络，而 Windows 2000 Server 和 UNIX 则适用于大型服务器应用程序。因此，对于不同的网络应用，需要我们有目的地选择合适的网络操作系统。

三、方案描述

灵岩佳美服饰有限公司是一家以生产和销售服装为主的公司，主要设有 6 个部门，分别是人事部、设计部、生产部、销售部、财务部和网管中心，公司有员工 200 人，公司局域网联网计算机 100 台。由于工作需要，希望搭建服务器以满足公司内计算机的集中管理及信息共享和发布。关于该项目的说明如下。

　　该公司主页是 www.lyjmfs.com，它是灵岩佳美服饰有限公司的域名（Domain Name），其 IP 地址是 192.168.71.2。其他部门：财务部的网页 www.lyjmcw.com（IP：192.168.71.2），设计部的网页 www.lyjmsj.com（IP：192.168.71.2），人事部的网页 www.lyjmrs.com（IP：192.168.71.2），销售部的网页 www.lyjmxs.com（IP：192.168.71.2），生产部的网页 www.lyjmsc.com（IP：192.168.71.2）。公司主页、财务部、设计部、人事部、销售部和生产部的网页都是内部网页。为了发布上述网页，需要搭建 Web 服务器实现信息和网站的发布。为了实现域名与 IP 地址间的解析，需要搭建 DNS 服务器（域名服务器）。DNS 服务器的 IP 地址是 192.168.71.2，子网掩码是 255.255.255.0，网关是 192.168.71.1。

　　公司内部有些资源需要共享，并为员工提供一个上传和下载的平台，需要搭建 FTP 服务器，服务器域名为 ftp.lyjmfs.com（IP：192.168.71.2）。

　　考虑到日常使用上的安全，在公司局域网的基础上，公司财务部又搭建了自己的局域网。为了实现为财务部员工的计算机动态分配 IP 地址，需要在财务部搭建一台 DHCP 服务器。该服务器的 IP 地址为 192.168.70.2，子网掩码为 255.255.255.0，分配的 IP 地址范围为 192.168.70.3～192.168.70.60，子网掩码为 255.255.255.0，默认网关地址为 192.168.70.1，DNS 服务器地址为 192.168.71.2。

　　公司要求用域来管理网络，需要搭建一台域控制器，实现对公司用户和计算机的集中管理。该域控制器是新域的域控制器，IP 地址是 192.168.71.2，域名是 lyjmfs.com，设置安全的还原模式密码（域管理员密码）。在域控制器中创建组织单位，分别是人事部、设计部、生产部、销售部、财务部和网管中心。为各部门的员工创建域用户信息，包括姓、名、用户登录名、初始密码等，并要求用户下次登录时更改密码。使用组策略管理域用户，并根据实际需要应用合适的组策略。

　　另外，为了网络管理员在配置计算机时，不楼上楼下来回跑，要求能在局域网内远程登录公司网管中心的服务器。为此，需要在网管中心服务器开启"远程桌面"功能。

　　图 1-1 所示为本项目的网络拓扑结构示意图。解释说明如下：网管中心的服务器包括

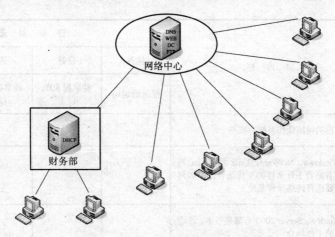

图 1-1　本项目的网络拓扑结构示意图

DNS 服务器、域控制器（DC）、Web 服务器和 FTP 服务器，由一台物理服务器担任，它的 IP 地址是 192.168.71.2。财务部有一台 DHCP 服务器，它的 IP 地址为 192.168.70.2。财务部的 DHCP 服务器和网管中心的服务器的 IP 地址没有在一个网段上，需要通过路由器连接才能通信。该路由器可由一台三层交换机担任，通过划分 VLAN，设置相应的接口地址作为网关地址，分别是 192.168.70.1（财务部网段）和 192.168.71.1（除财务部之外的网段）。三层交换机和路由器的设置是其他专业课（比如《路由交换技术与应用》、《网络组建基础》等）所要讲解的内容，本教材不作讲解。

四、分组讨论

1. 搭建 DNS 服务器的作用是什么？
2. 搭建 DHCP 服务器的作用是什么？
3. 搭建域控制器的作用是什么？
4. 搭建 FTP 服务器的作用是什么？
5. 就本项目而言，说说上述服务器的具体作用。
6. 如果是你来负责此项目的实施，你认为应该搭建哪些服务器？

五、学习反思

（1）微软的网络操作系统一般只是用在中低档服务器中，高端服务器通常采用 UNIX、Linux 等非 Windows 操作系统。

（2）如果用户的单位或部门只有几十人，需要搭建一个资料共享的内部网络，那么只要选用 Windows Server 2003 标准版就能满足这些要求；如果用户的单位或部门在全国各地都有分支机构，需要规划一个庞大的企业网络，同时要求更高的可靠性和安全性，那么可以选用 Windows Server 2003 企业版；如果需要进行高密度的计算和事务处理或者运行大型数据库，那么 Windows Server 2003 Datacenter 版就能带来高性能和高效率；如果只需要搭建一个纯粹的 Web Server，那么可以选用 Windows Server 2003 Web 版。

（3）基于灵岩佳美服饰有限公司的特定需求，最终决定选用 Windows Server 2003 企业版作为公司局域网的操作系统。本教材后面所提到的 Windows Server 2003 或 Windows Server 2003 企业版都是指 Windows Server 2003 企业版。

六、能力评价

序号	评 价 内 容	评 价 结 果			
		优秀	良好	通过	加油
		能灵活运用	能掌握 80% 以上	能掌握 60% 以上	其他
1	能说出常用的网络操作系统有哪些				
2	能说出 Windows、NetWare、Unix 和 Linux 四大操作系统各适合于什么样的工作场合，即如何根据实际需要选择网络操作系统				
3	能说出 Windows Server 2003 有哪些版本，各适合于什么样的工作场合				

任务二　Windows Server 2003 的安装、启动和退出

一、任务描述

网管中心的服务器（DNS、WEB、FTP、DC）需要安装 Windows Server 2003，网络管理员夏侯仲秋负责安装操作系统 Windows Server 2003 企业版。

二、知识准备

1. Windows Server 2003 的安装要求

基于 Windows Server 2003 不同版本的安装要求也有所不同，具体要求参照表 1-1 所示。

表 1-1　Windows Server 2003 的安装要求

版本＼要求	标准版	企业版	数据中心版	Web 版
最低 CPU 速度	133 MHz	基于 x86：133 MHz 基于 Itanium：733 MHz	基于 x86：400 MHz 基于 Itanium：733 MHz	133 MHz
推荐 CPU 速度	550 MHz	733 MHz	733 MHz	550 MHz
最小 RAM	128 MB	128 MB	512 MB	128 MB
推荐最小 RAM	256 MB	256 MB	1 GB	256 MB
最大 RAM	4 GB	基于 x86：32 GB 基于 Itanium：512 GB	基于 x86：64 GB 基于 Itanium：512 GB	2 GB
多处理器支持	最多 4 个	最多 8 个	最少需要 8 个，最多 64 个	最多 2 个
安装所需磁盘空间	1.5 GB	基于 x86：1.5 GB 基于 Itanium：2.0 GB	基于 x86：1.5 GB 基于 Itanium：2.0 GB	1.5 GB

2. 程序安装的一般步骤

1）运行安装程序

一般就是运行 Setup.exe 或者 Install.exe。

2）运行安装向导

在图形化的安装向导中，要求填入姓名、公司等各种相关信息，然后开始设置 Windows 的安装路径以及要安装的组件。

3）开始安装

收集完基本的相关信息后，安装向导就会开始安装文件。这时候你要做的仅仅是耐心等待。

4）完成安装

完成基本的安装后，安装程序将进行一系列扫尾工作，主要是安装开始菜单项目、注册组件及驱动程序。

三、任务分析

1. 安装 Windows Server 2003 企业版的操作步骤

（1）通过 BIOS 设置从光盘引导计算机；

（2）为安装 Windows Server 2003 创建磁盘分区；

（3）选择文件类型并进行格式化；

（4）开始文件复制；

（5）进入图形界面安装；

（6）指定区域和语言选项；

（7）输入用户信息；

（8）输入产品密钥；

（9）选择授权模式；

（10）输入计算机名称和管理员密码；

（11）设定日期和时间；

（12）网络设置；

（13）设置工作组或计算机域；

（14）完成安装。

2. 使用 Administrator 账户登录到 Windows Server 2003 设置服务器的 IP 地址

服务器的 IP 地址：192.168.71.2，子网掩码：255.255.225.0，默认网关：192.168.72.1，首选 DNS 服务器的地址：192.168.71.2。

3. 退出 Windows Server 2003

四、任务实现

1. 安装 Windows Server 2003 企业版

1）通过 BIOS 设置从光盘引导计算机

（1）当计算机刚启动时，按下 F2 功能键（不同型号的计算机需要按的功能键不一样），打开 BIOS 初始界面，如图 1-2 所示，当前位置在 Main 选项卡中。

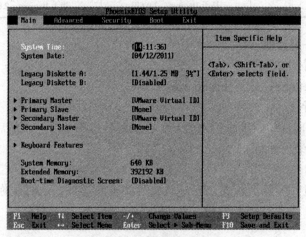

图 1-2　BIOS 初始界面

（2）按向右方向键（键盘中的→键）三次，打开启动项设置选项卡界面，如图 1-3 所示，此时需要按向下方向键 2 次。

（3）光标选择"CD-ROM Drive"，如图 1-4 所示，在当前位置上按"回车"键（键盘中的 Enter 键），然后按向右方向键一次。

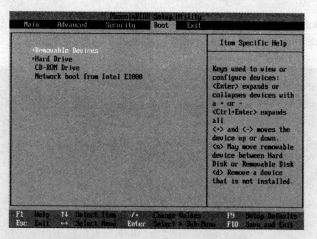

图 1-3 BIOS 启动项设置选项卡界面

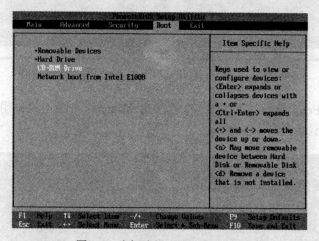

图 1-4 光标选择 CD-ROM Drive

（4）打开关闭选项卡界面，如图 1-5 所示，此时按"Enter"键，即可完成 BIOS 设置。插入启动光盘，计算机重启后，将允许从光盘启动。

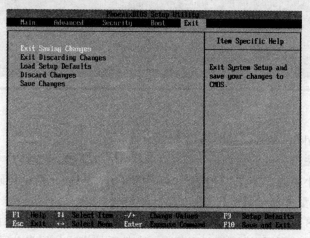

图 1-5 BIOS 关闭选项卡界面

然后将 Windows Server 2003 的安装光盘放入光驱。重新开机后，将直接进入 Windows Server 2003 安装程序的文本安装界面，如图 1-6 所示。

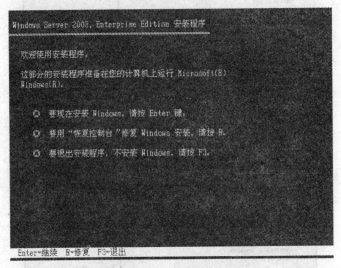

图 1-6　Windows Server 2003 安装程序的文本安装界面

根据提示，按 Enter 键后进入如图 1-7 所示的 Windows 产品协议说明界面。按 F8 键，同意 Windows 授权协议。

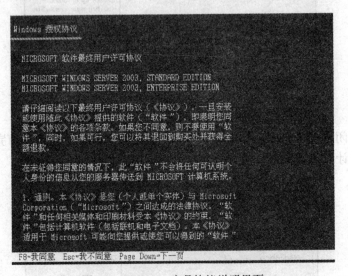

图 1-7　Windows 产品协议说明界面

2）为安装 Windows Server 2003 创建磁盘分区

进入选择安装磁盘分区的界面后，如图 1-8 所示，按照提示选择 C（创建磁盘分区），进入创建磁盘分区大小界面，如图 1-9 所示，输入 8000，按 Enter 键创建磁盘分区 C。

3）选择文件类型并进行格式化

选择了磁盘分区后，进入对分区进行文件类型选择和磁盘格式化界面，如图 1-10 所示，有四种选项可供选择，利用↓键选择"用 NTFS 文件系统格式化磁盘分区"并按 Enter 键。

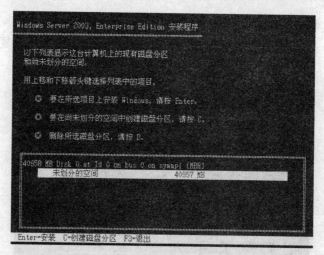

图 1-8　选择安装磁盘分区的界面

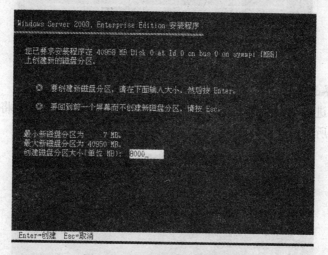

图 1-9　创建磁盘分区大小界面

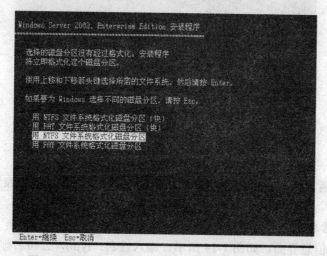

图 1-10　对分区进行文件类型选择和磁盘格式化界面

4）开始文件复制

格式化完成后，安装程序开始复制安装所需文件，如图 1-11 所示，复制完成后计算机将自动重启。

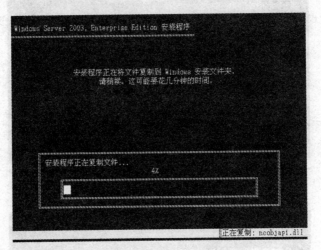

图 1-11　复制安装所需文件

5）进入图形界面安装

重新启动后将进入图形界面进行安装，如图 1-12 所示，此时界面上将显示具体的安装步骤、预计安装系统所需时间等信息。

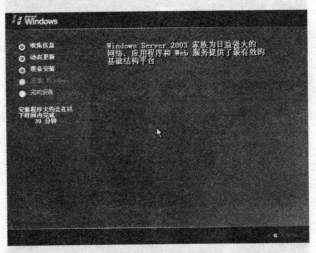

图 1-12　图形安装界面

6）指定区域和语言选项

首先，打开设置区域和语言选项界面，如图 1-13 所示，按默认选项设置，单击"下一步"按钮，继续安装。

7）输入用户信息

打开设置用户信息界面，如图 1-14 所示，输入姓名：lyjm，公司名称：灵岩佳美服饰有限公司，单击"下一步"按钮，继续安装。

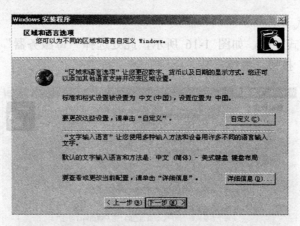

图 1-13 设置区域和语言选项界面

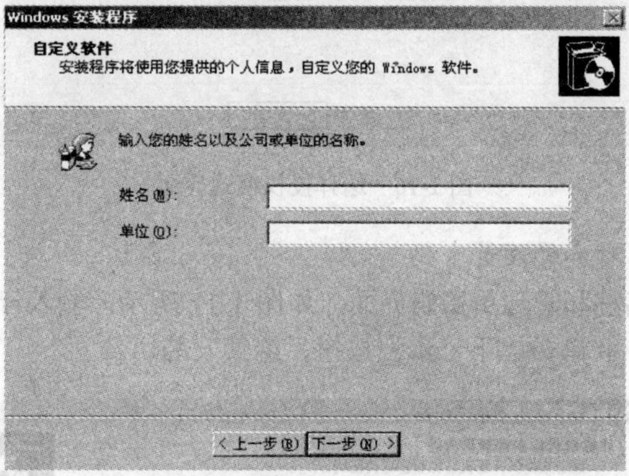

图 1-14 设置用户信息界面

8）输入产品密钥

打开输入 Windows Server 2003 的产品密匙界面，如图 1-15 所示，输入产品 ID 序列号：XXXXX-XXXXX-XXXXX-XXXXX-XXXXX，单击"下一步"按钮，继续安装。

注意：输入的产品 ID 必须是有效的，否则安装无法继续。

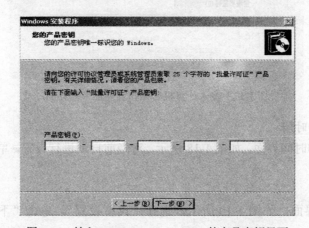

图 1-15 输入 Windows Server 2003 的产品密钥界面

9）选择授权模式

打开选择授权模式界面，如图 1-16 所示，此处选择"每服务器"模式，连接数设置为245，单击"下一步"按钮，继续安装。

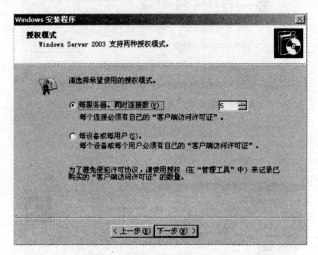

图 1-16　选择授权模式界面

10）输入计算机名称和管理员密码

打开输入计算机名称和管理员密码界面，如图 1-17 所示，输入计算机名称：**LYJM-1** 和管理员密码：**xh@.zq**，并单击"下一步"按钮，继续安装。

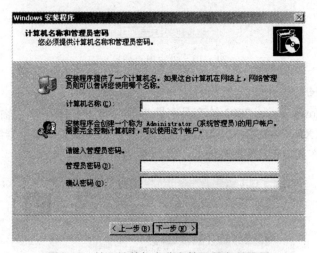

图 1-17　输入计算机名称和管理员密码界面

11）设定日期和时间

打开设定日期和时间界面，如图 1-18 所示，对当前日期进行设置，单击"下一步"按钮，继续安装。

12）网络设置

打开网络设置界面，如图 1-19 所示，选择"典型设置"，单击"下一步"按钮，继续安装。

图 1-18　设定日期和时间界面

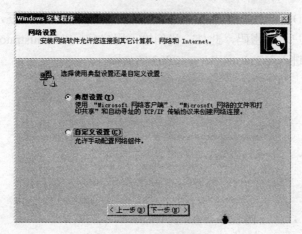

图 1-19　网络设置界面

13）设置工作组或计算机域

打开设置工作组或计算机域界面，如图 1-20 所示，这里选择"不，此计算机不在网络上。把此计算机作为下面工作组的一个成员"，单击"下一步"按钮，继续安装。

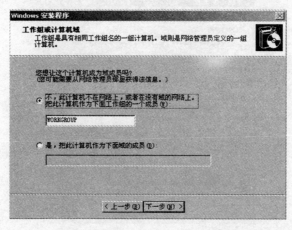

图 1-20　设置工作组或计算机域界面

14）完成安装

安装完成后，系统将重新启动计算机。

2. 登录到 Windows Server 2003 并设置服务器的 IP 地址

（1）启动计算机后，先出现如图 1-21 所示的起始登录界面。

图 1-21　起始登录界面

按下 Ctrl＋Alt＋Del 键后，屏幕上出现"登录到 Windows"对话框，如图 1-22 所示，提示用户输入登录的用户名和密码，此处，我们输入用户名：Administrator 和密码：xh@.zq，单击"确定"按钮后进入 Windows Server 2003 的桌面。

图 1-22　"登录到 Windows"对话框界面

（2）设置服务器的 IP 地址。

① 打开网络连接：右键单击"网上邻居"，在弹出的快捷菜单中选择"属性"，打开网络连接。

② 右键单击要配置的网络连接，然后单击"属性"，打开"本地连接属性"对话框，如图 1-23 所示。

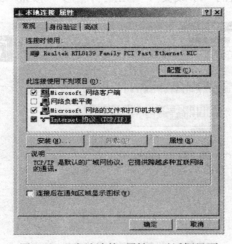

图 1-23　"本地连接 属性"对话框界面

③ 在"常规"选项卡上单击"Internet 协议（TCP/IP）"，然后单击"属性"，打开"Internet 协议（TCP/IP）属性"对话框，如图 1-24 所示。

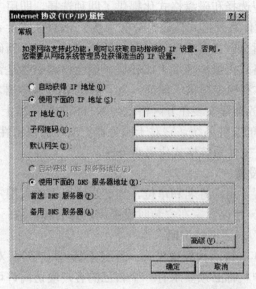

图 1-24 "Internet 协议（TCP/IP）属性"对话框界面

④ 选择"使用下面的 IP 地址"，输入 IP 地址：192.168.71.2，子网掩码：255.255.225.0，默认网关：192.168.72.1。首选 DNS 服务器的地址：192.168.71.2。

3. 退出 Windows Server 2003

单击"开始"→"关机"，弹出"关闭 Windows"对话框界面，如图 1-25 所示，此处，按默认选择设置，在注释中填入关机，单击"确定"即可。

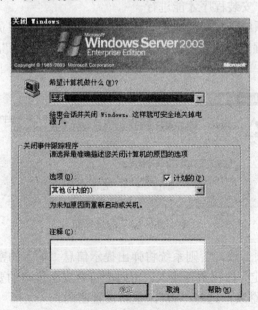

图 1-25 "关闭 Windows"对话框界面

五、学习反思

1. 关于选择文件类型并进行格式化的说明

对分区进行文件类型选择和磁盘格式化提供了四种选择，即用 NTFS 文件系统格式化磁盘分区（快）、用 FAT 文件系统格式化磁盘分区（快）、NTFS 文件系统格式化磁盘分区、用 FAT 文件系统格式化磁盘分区。其中前两种是快速格式化，对于新硬盘而言，建议使用完全格式化模式，因为完全格式化虽然速度上比较慢，但会检测磁盘是否有坏道，并对坏道进行标识，这就为系统的可靠和稳定提供了保证。为了搭建 Web 服务器，网管中心的服务器需要安装 IIS 服务，而 IIS 服务推荐安装在分区格式为 NTFS 的服务器上。与 FAT 文件系统相比，NTFS 是更强大、更安全的文件系统，它对于服务器上文件的保密性和安全性有着重要意义。所以，我们选择用 NTFS 文件系统格式化磁盘分区。

2. 关于用户信息的设置

在安装时，我们设置了用户姓名和单位，当然也可以不输入用户的姓名和单位，直接单击"下一步"，继续安装。建议大家在安装时设置用户姓名和单位。

3. 关于"授权模式"对话框的说明

Windows Server 2003 支持两种授权模式：每服务器和每客户。对于每一个访问 Windows Server 2003 服务器的客户机都必须要求有一个自己的客户端访问许可证（CAL）。每服务器：指服务器可以允许同时有指定数量个并发客户端用户访问。每客户：指你的每个客户端都有认证许可，客户端通过这个认证访问服务器。

当我们不能确定使用哪种模式时，可选择每服务器，因为无需花费任何费用，即可从每服务器更改为每客户模式，但不能从每客户转换为每服务器模式。

4. 关于设置计算机名称和管理员密码的说明

对于设置计算机名称和管理员密码，需要说明的是，计算机名称在你的网络里是唯一的，只有输入计算机名称后，安装程序才能进行。

在安装时，将创建系统管理员的账户。此时，如果不输入管理员密码，系统将弹出提示信息，如图 1-26 所示。强烈建议使用密码来保护此账户。选择"是"，安装继续；选择"否"，重新输入密码。

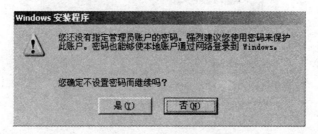

图 1-26　提示信息界面

两次输入的密码必须一致，否则系统将弹出提示信息"输入的密码不匹配，请再次输入需要的密码"，单击"确定"按钮重新输入。密码应符合安全策略的要求，否则弹出相应提示信息，选择"是"，安装继续；选择"否"，重新设置密码。

5. 关于"登录到 Windows"对话框

"登录到 Windows"对话框会提示用户输入登录的用户名和密码，只有用户名和密码都正确的情况下，才可以登录 Windows Server 2003。当输入的用户名或密码错误时，系统会弹出提示信息"系统无法让您登录，请确定您的用户名及域无误，然后再次输入密码。密码的字母必须使用正确的大小写。"

6. 关于"关闭 Windows"对话框

在关闭 Windows"对话框中，如果在"选项"列表中选择"其他（计划的）"时，需要输入注释内容（注释内容可以是任何内容，什么字符都可以），才可以关机，否则"确定"按钮不可用，不能关机。如果在"选项"列表中选择其他的选项（除"其他（计划的）"）时，输不输入注释内容都可以关机。

7. 在这里不创建本地账户的原因

网管中心的服务器要作为域控制器使用，而作为域控制器不需要创建本地账户。

六、知识拓展

1. Windows 系统安装方式

1）全新安装

如果你的硬盘以前没有装过操作系统或者操作系统被删除了，就需要全新安装，此时一般要对操作系统所在分区进行格式化。安装完成后，会给你带来一个全新的系统。

2）升级安装

如果从老版本的 Windows 升级到新版本的 Windows，这样的安装方式就是升级安装。

3）覆盖安装

重新安装硬盘上已经存在的同版本的操作系统，一般用来解决 Windows 的异常问题。但如果不是病毒或软件破获了 Windows 的核心文件而导致异常的话，重装系统后问题会依旧存在。

4）自动安装

我们可以事先准备好需要填入的各种信息，生成一个应答程序，让安装程序自动填写，省时省力。具体实现方法，可以查阅相关资料。

5）系统克隆

如果嫌安装缓慢麻烦，那系统克隆一定是你最佳的选择。这种方法需要借助第三方软件，将已经安装好的系统做成镜像保存好，需要时只用几分钟就可以恢复。不过用系统克隆的方法，被克隆分区上所有资料都会丢失，需要事先做好备份。

2. 禁用开机欢迎对话框（如图 1-21 所示）的方法

管理工具→本地安全策略→本地策略→安全选项→ interactive logon：Do not require CTRL＋ALT＋DEL，启用之。

七、能力评价

序号	评 价 内 容	评 价 结 果			
		优秀	良好	通过	加油
		能灵活运用	能掌握 80% 以上	能掌握 60% 以上	其他
1	能结合实际情况完成 Windows Server 2003 的安装				
2	能正确登录并退出 Windows Server 2003				
3	能正确设置服务器的 IP 地址、子网掩码和网关				
4	能说出程序的一般安装步骤				

任务三　本地用户管理

一、任务描述

为了在财务部搭建 DHCP 服务器，夏侯仲秋需要为财务部的服务器安装 Windows Server 2003 企业版，并为这台服务器创建本地账户和密码。

二、知识准备

账户的作用首先是为了防止他人使用计算机，另外还可以区分不同用户的工作环境，以及对不同用户进行不同的权限设定。

在 Windows Server 2003 中，操作系统把所有用户能接触到的软件、硬件、数据都看作是资源，为了确保不同用户使用不同资源，系统管理员必须对用户进行管理。

在 Windows Server 2003 中可以见到很多种不同类型的账户，主要有 Administrator、用户自建的账户、系统应用账户和 Guest 账户。系统中不同类型的账户类似于公司中不同职位的员工，可谓等级分明，他们的权限也大有不同。

Administrator 账户：Administrator 属于系统自建账户，拥有最高权限，很多对系统的高级管理操作都需要使用该账户。不过 Windows Server 2003 默认情况下不显示该账户，而我们最好不要在日常情况下使用 Administrator 账户。所以，Administrator 不要分配给任何人，只有在需要高级管理的时候使用，而不应该作为日常登录账户。

管理员账户：用户自建账户默认情况下都属于普通账户，可以根据实际需要创建多个用户账户，同时也可以在创建账户的时候选择该账户属于管理员或者是受限用户。

Guest 账户：该账户默认情况下是禁用的，用于来宾访问，可以在用户管理中启用。来宾账户不能更改系统的设置，只具有受限的访问权。

关于账户类型、账户之间的关系：可以认为是将某单位职工按其在单位中的不同作用进行分类，任何一类单独看应该是一个小集团。这些小集团就是账户类型；而集团中的任何一个人就是账户，每个账户只要换个小集团就具有了另外的作用，即账户权限更改可以让其属于不同账户类型；某个职工由于在单位中能力特殊，担负着多种任务，因此可以属于不同的集团，那么这个人就是具有多种账户类型的账户。

三、任务分析

为了搭建 DHCP 服务器需要首先安装网络操作系统并创建本地账户。

1. 安装 Windows Server 2003 企业版

Windows Server 2003 企业版安装操作过程在本单元任务二已讲过，这里不再赘述。

2. 创建本地账户

（1）使用 Administrator 账户登录到 Windows Server 2003。

（2）创建本地用户账户。

① 打开"计算机管理"窗口；

② 新建用户 XHZQ 并设置密码；

③ 将用户 XHZQ 添加到组 Administrators。

四、任务实现

1. 登录到 Windows Server 2003

启动计算机后，出现如图 1-21 所示的登录界面，按下 Ctrl＋Alt＋Del 键后，屏幕上出现 "登录到 Windows" 对话框，如图 1-22 所示，提示用户输入登录的用户名和密码，此处，我们输入用户名 Administrator 并输入密码 xh@.zq，单击 "确定" 按钮后进入 Windows Server 2003 的桌面。

2. 创建本地用户账户

1）打开 "计算机管理" 窗口

单击菜单 "开始" → "管理工具" → "计算机管理"，弹出 "计算机管理" 窗口，如图 1-27 所示。

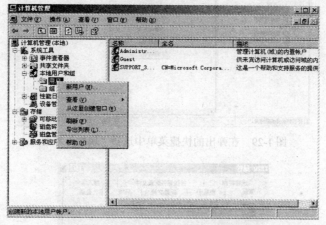

图 1-27　"计算机管理" 窗口界面

2）新建用户 XHZQ

（1）展开控制台树状目录中的 "本地用户和组" 选项，然后右键单击 "用户" 选项，在弹出的快捷菜单中选择 "新用户"，如图 1-27 所示。

（2）选择 "新用户" 后，弹出 "新用户" 对话框，如图 1-28 所示，输入用户名（用户账号）：XHZQ，全名：夏侯仲秋，描述：管理计算机的账户，密码：Xia@.cn，选中 "用户不能更改密码" 和 "密码永不过期" 复选框。

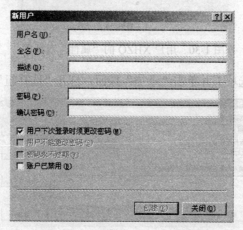

图 1-28　"新用户" 对话框界面

（3）单击"创建"按钮，完成新用户的创建。关闭"新用户"对话框，返回"计算机管理"窗口，此时用户中会出现刚才添加的新用户 XHZQ。

3. 将用户 XHZQ 添加到组 Administrators

（1）选择用户 XHZQ，单击右键，在弹出的快捷菜单中选择"属性"，如图 1-29 所示。然后打开用户 XHZQ 的"属性"对话框，如图 1-30 所示。

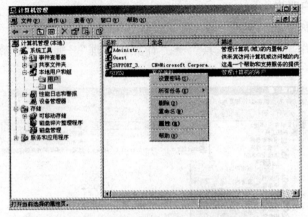

图 1-29　在弹出的快捷菜单中选择"属性"界面

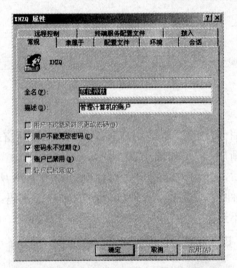

图 1-30　用户 XHZQ 的"属性"对话框

（2）选择"隶属于"选项卡并单击"添加"按钮，打开"选择组"对话框，如图 1-31 所示。

图 1-31　"选择组"对话框界面

单击"高级"按钮，打开"选择组高级"对话框，如图 1-32 所示，接着单击"立即查找"按钮，在搜索结果中选择"Administrators"，单击"确定"按钮后，返回到"选择组"对话框，此时，在"输入对象名称来选择"中显示：FWQ-1\Administrators，如图 1-33 所示。

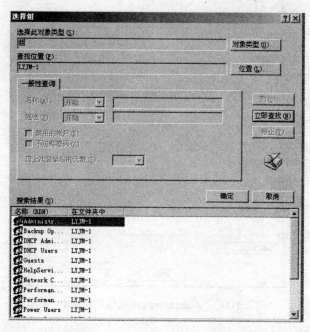

图 1-32　"选择组高级"对话框界面

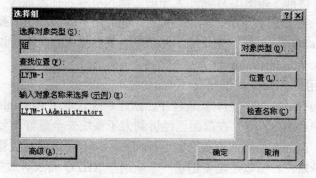

图 1-33　"选择组"对话框

（3）最后依次单击"确定"按钮完成添加。

五、学习反思

1. 关于"新用户"对话框的说明

在设置"新用户"对话框时，只要输入用户名就可以创建新用户，出于安全的考虑该账户需要设置密码，两次输入的密码应一致。由于"新用户"XHZQ 是为管理员创建的，而实际的管理员可能有多人，为了避免其中一人修改密码后导致其他管理员无法登录，需要选中用户不能更改密码、密码永不过期。

2. 关于将用户添加到组

将用户添加到组有两种方法，另一种方法是，在"计算机管理"窗口中依次选择"本地用户和组"→"组"，右键单击"组"选项中的 Administrators，在弹出的快捷菜单中选择"属性"，打开"Administrators 属性"对话框，如图 1-34 所示。单击"添加"按钮，输入用户名 XHZQ，最后单击"确定"按钮完成添加。

图 1-34 "Administrators 属性"对话框

3. 关于"选择组"对话框

在"选择组"对话框（如图 1-31 所示）中的"输入对象名称来选择"中也可以直接输入组名 Administrators，然后依次单击"确定"按钮，完成用户添加到组的操作。由于我们刚刚学习 Windows Server 2003，对这些操作还不熟悉，当我们熟练的时候可以直接在"输入对象名称来选择"中输入 Administrators。

4. 关于创建新用户 XHZQ 的说明

在安装 Windows Server 2003 时，安装程序已创建系统管理员 Administrator 的账户，那为什么还要创建新用户 XHZQ 呢？在前面已经讲到为了系统安全最好不要在日常情况下使用 Administrator 账户，Administrator 不要分配给任何人，只有在需要高级管理的时候使用，而不应该作为日常登录账户，所以还需要创建一个新用户 XHZQ 完成对服务器的管理。

5. 关于本地用户的说明

财务部的服务器出于管理方便和账户安全需要设置本地账户和密码，那么网管中心的服务器为什么不需要设置本地账户和密码呢？网管中心的服务器需要安装域控制器，登录域控制器使用域用户，本地账户不起作用。如果不安装域控制器，为了安全也是需要设置本地账户和密码的。

六、知识拓展

系统默认为我们设置了若干"权限组"，只需要把用户加进相应的组即可拥有由这个组赋予的操作权限。默认情况下，系统为用户分了 6 个组，并给每个组赋予不同的操作权限，依次为：管理员组（Administrators）、高权限用户组（Power Users）、普通用户组（Users）、备份操作组（Backup Operators）、文件复制组（Replicator）、来宾用户组（Guests）。其中备份操作组和文件复制组为维护系统而设置，平时不会被使用。

　　管理员组拥有大部分的计算机操作权限（并不是全部），能够随意修改删除所有文件和修改系统设置。再往下就是高权限用户组，这一部分用户也能做大部分事情，但是不能修改系统设置，不能运行一些涉及系统管理的程序。普通用户组不能处理其他用户的文件和运行涉及管理的程序等。来宾用户组的文件操作权限和普通用户组一样，但是无法执行更多的程序。

七、能力评价

序号	评 价 内 容	评 价 结 果			
		优秀	良好	通过	加油
		能灵活运用	能掌握80%以上	能掌握60%以上	其他
1	能创建用户				
2	能将用户加入组或在组中添加用户				
3	能说出在 Windows Server 2003 中账户的类型				

任务四　通过远程桌面连接到服务器

一、任务描述

　　为了工作方便，网络管理员夏侯仲秋有时要在局域网内远程登录网管中心的服务器，因此，需要服务器允许远程登录。

二、知识准备

　　在 Windows Server 2003 中有一个被称为远程桌面控制的功能，网络管理员可以通过远程桌面连接程序，控制网络中任何一台开启了远程桌面控制功能的计算机。

　　当某台计算机开启了远程桌面连接功能后，我们就可以在网络的另一端控制这台计算机了。通过远程桌面功能可以实时地操作这台计算机，在上面安装软件，运行程序，所有的一切都好像是直接在该计算机上操作一样。通过该功能网络管理员可以在家中安全控制单位的服务器（要求该服务器通过某种途径能连接到网络管理员家中的计算机）。远程桌面从某种意义上类似于早期的 telnet，它可以将程序运行等工作交给服务器。

三、任务分析

　　在局域网内远程登录网管中心服务器的操作步骤如下。

　　（1）网管中心的服务器开启远程桌面功能。

　　（2）客户机使用远程桌面连接到服务器。

　　① 启动远程桌面连接程序；

　　② 连接到服务器，服务器的 IP 地址为 192.168.71.2；

　　③ 输入用户名 Administrator 和密码 xh@.zq；

　　④ 远程登录到 IP 地址为 192.168.71.2 的服务器。

四、任务实现

1. 开启远程桌面

　　（1）在网管中心服务器的桌面上，用鼠标右键单击"我的电脑"弹出快捷菜单选择属性，接着弹出"系统属性设置"对话框，选择"远程"选项卡，如图 1-35 所示。

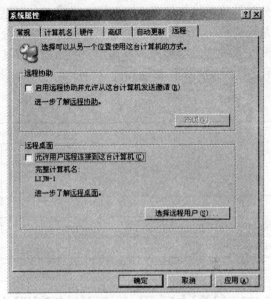

图 1-35 "系统属性设置"对话框界面

（2）勾选"允许用户远程连接到此计算机"，系统会弹出远程会话的提示信息，如图 1-36 所示。

选择"确定"按钮，即可继续。

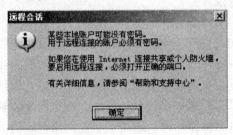

图 1-36 远程会话的提示信息界面

2. 客户机使用远程桌面连接到服务器

（1）从"开始"→"程序"→"附件"→"通讯"→"远程桌面连接"可以启动远程桌面连接程序。

（2）打开"远程桌面连接"对话框，如图 1-37 所示。输入要连接的服务器的 IP 地址：192.168.71.2，单击"连接"按钮。

图 1-37 "远程桌面连接"对话框界面

（3）进入登录界面，如图 1-38 所示，需要输入用户名 Administrator 和密码 xh@.zq

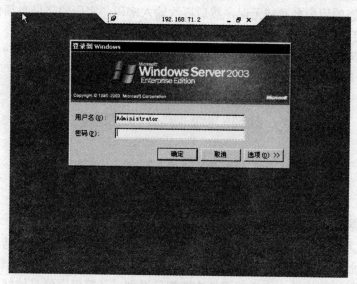

图 1-38　登录界面

（4）远程登录到 IP 地址为 192.168.71.2 的服务器，如图 1-39 所示。

图 1-39　登录界面

五、学习反思

（1）远程桌面只容许同时 2 人登录操作服务器。

（2）远程桌面只能允许管理员权限的用户登录。

（3）计算机只有开启了远程桌面功能，管理员才能远程登录该计算机。如果服务器已开启远程桌面功能，则客户机就可以使用远程桌面连接程序直接登录服务器。

（4）某些本地账户可能没有密码，用于远程连接的账户必须要有密码。只有在用户名和密码都正确的情况下，才能成功实现远程登录。

（5）在远程登录过程中，当输入的用户名或密码有误时，会弹出提示信息"系统无法让您登录。请确定您的用户名及域无误，然后再次输入密码。密码的字母必须使用正确的大小写。"选择"确定"按钮重新输入。

（6）当我们需要断开远程登录时，只需要关闭如图 1-39 所示右上角的"✕"按钮即可。系统会弹出如图 1-40 所示的提示信息，单击"确定"按钮关闭远程登录。

图 1-40　断开 Windows 会话提示信息界面

六、知识拓展

为了通信的方便给每一台计算机都事先分配一个类似日常生活中的电话号码一样的标志地址，该标志地址就是 IP 地址。IP 地址就像是我们的家庭地址一样，如果你要写信给一个人，你就要知道他（她）的地址，这样邮递员才能把信送到。计算机发信息就好比是邮递员，它必须知道唯一的"家庭地址"才不至于把信送错人家。只不过我们的地址使用文字来表示，计算机的地址用十进制数字表示。

根据 TCP/IP 协议规定，IP 地址由 32 位二进制数组成，而且在 Internet 范围内是唯一的，如 11000000 10101000 01000111 00000001。很明显，这些数字对于人们来说不太好记忆，为了方便记忆，就将组成计算机 IP 地址的 32 位二进制分成四段，每段 8 位，中间用小数点隔开，然后将每 8 位二进制转换成十进制数，这样上述服务器的 IP 地址就变成了 192.168.71.2。

由于网络中包含的主机可能不一样多，有的网络可能含有较多的计算机，有的网络包含较少的计算机，于是按照网络规模的大小，将网络 IP 地址分成了五类，即 A 类到 E 类。其中 D 类地址是组播地址，主要留给体系结构委员会 IAB 使用，E 类地址保留在今后使用，目前大量使用的 IP 地址仅为 A 类至 C 类三种。

1. A 类网络 IP 地址

一个 A 类网络 IP 地址由 1 字节（每个字节是 8 位）的网络地址和 3 个字节主机地址组成，网络地址的最高位必须是"0"，即第一段数字范围为 1～127。每个 A 类网络可连接 16387064 台主机，Internet 有 126 个 A 类网络。

2. B 类网络 IP 地址

一个 B 类 IP 地址由 2 个字节的网络地址和 2 个字节的主机地址组成，网络地址的最高位必须是"10"，即第一段数字范围为 128～191。每个 B 类网络可连接 64 516 台主机，Internet 有 16 256 个 B 类网络。

3. C 类网络 IP 地址

一个 C 类地址是由 3 个字节的网络地址和 1 个字节的主机地址组成，网络地址的最高位必须是"110"，即第一段数字范围为 192～223。每个 C 类网络可连接 254 台主机，Internet 有 2 054 512 个 C 类网络。

4. D 类网络地址用于多点播送

第一个字节以"1110"开始，第一个字节的数字范围为 224～239，是多点播送地址，用于多目的地信息的传输和作为备用。全零（"0.0.0.0"）地址对应于当前主机，全"1"的 IP 地址（"255.255.255.255"）是当前子网的广播地址。

5. E 类网络地址

以"11110"开始，即第一段数字范围为 240～254。E 类地址保留，仅作实验和开发用。

6. 几种用作特殊用途的 IP 地址

（1）主机段（即宿主机）ID 全部设为"0"的 IP 地址称为网络地址，如 129.45.0.0 就是 B 类网络地址。

（2）主机 ID 部分全设为"1"（即 255）的 IP 地址称为广播地址，如 129.45.255.255 就是 B 类的广播地址。

（3）网络 ID 不能以十进制"127"作为开头，在地址中数字 127 保留给诊断用。如 127.1.1.1 用于回路测试，同时网络 ID 的第一个 8 位组也不能全置为"0"，全置"0"表示本地网络。网络 ID 部分全为"0"和全部为"1"的 IP 地址被保留使用。

上述 IP 地址（IPv4）用一个 32 位二进制的数表示一个主机号码，但 32 位地址资源有限，已经不能满足用户的需求了，因此 Internet 研究组只发布新的主机标识方法，即 IPv6。在 RFC1884 中（RFC 是 Request for Comments Document 的缩写。RFC 实际上就是 Internet 有关服务的一些标准），规定的标准语法建议把 IPv6 地址的 128 位（16 个字节）写成 8 个 16 位的无符号整数，每个整数用四个十六进制位表示，这些数之间用冒号（:）分开，如 2031:0a00:130f:0000:00b0:09c0:876a:130b。

七、能力评价

序号	评 价 内 容	评 价 结 果			
		优秀	良好	通过	加油
		能灵活运用	能掌握 80% 以上	能掌握 60% 以上	其他
1	能开启计算机的远程桌面功能				
2	能使用远程桌面连接到服务器				
3	能说出什么是 IP 地址和 IP 地址的分类				
4	能识别哪些地址是 A 类地址，哪些地址是 B 类地址，哪些地址是 C 类地址				

单 元 小 结

本单元讲授了目前局域网中主要存在的网络操作系统，目前流行的 Windows Server 2003 的成员和特点，侧重介绍了 Windows Server 2003 企业版的安装。

在启动 Windows Server 2003 后，要求掌握 Windows Server 2003 的基本管理：本地用户和远程连接的操作，并能够按照要求创建用户并设置密码。

搭建 DNS 服务器

任务一　项目说明及方案讨论

一、项目阐述

在服务器上安装了合适的网络操作系统后（这里选择的是 Windows Server 2003），网络管理员夏侯仲秋接着就要为网管中心的服务器安装 DNS 服务来完成域名与 IP 地址间的解析。

二、知识准备

DNS 是域名系统（Domain Name System）的缩写，域名系统采用类似目录树的层次结构。在 Internet 上域名与 IP 地址之间是一对一或者多对一的，域名虽然便于人们记忆，但机器之间只能互相认识 IP 地址，它们之间的转换工作称为域名解析，域名解析需要由专门的域名解析服务器来完成，DNS 就是进行域名解析的服务器。

大家都知道，当我们在上网的时候，通常输入的是网址，其实这就是一个域名，而网络上的计算机彼此之间只能用 IP 地址才能相互识别。实际上，我们去特定 Web 服务器中请求 Web 页面时，既可以在浏览器中输入网址（域名），也可以输入相应的 IP 地址（可是，有谁能记住那么多的 IP 地址呢？）。例如，要上百度网，我们可以在 IE 的地址栏中输入网址（www.baidu.com），也可输入 IP 地址（61.135.169.125）。

一般来说，像我们访问的地址如 www.baidu.com，就是域名，而网络中的任何一个主机都是 IP 地址来标识的，即只有知道了这个站点的 IP 地址才能够成功实现访问操作。但是由于 IP 地址信息不太好记忆，所以网络中出现了域名这个名字，在访问时只需要输入这个好记忆的域名即可。网络中存在着会自动将相应的域名解析成 IP 地址的服务器，这就是 DNS 服务器。能够实现 DNS 解析功能的机器可以是自己的计算机也可以是网络中的一台计算机，不过当 DNS 解析出现错误，如把一个域名解析成一个错误的 IP 地址，或者根本不知道某个域名对应的 IP 地址是什么时，我们就无法通过域名访问相应的站点了，这就是 DNS 解析故障。

三、方案描述

公司主页是 www.lyjmfs.com，它即是灵岩佳美服饰有限公司的域名（Domain Name），其 IP 地址是 192.168.71.2。其他部门：财务部的网页 www.lyjmcw.com（IP：192.168.71.2），设计部的网页 www.lyjmsj.com（IP：192.168.71.2），人事部的网页 www.lyjmrs.com（IP：192.168.71.2），销售部的网页 www.lyjmxs.com（IP：192.168.71.2）和生产部的网页 www.lyjmsc.com（IP：192.168.71.2）。公司主页、财务部、设计部、人事部、销售部和生产部的网页都是内部网页。另外，FTP 服务器的域名是 ftp.lyjmfs.com（IP：192.168.71.2）。为了实现域名与 IP 地址间的解析，需要搭建 DNS 服务器（域名服务器）。DNS 服务器的 IP 地址是 192.168.71.2，子网掩码是

255.255.255.0，网关是 192.168.71.1。搭建 DNS 服务器操作步骤如下：

（1）安装并配置 DNS 服务器；

（2）设置 DNS 客户端并检测域名。

四、分组讨论

1. 什么是 DNS 服务器？

2. DNS 服务器的作用是什么？

3. 在本方案中，www.lyjmfs.com 的 IP 地址是什么？www.lyjmcw.com 的 IP 地址是什么？www.lyjmsj.com 的 IP 地址是什么？www.lyjmrs.com 的 IP 地址是什么？www.lyjmxs.com 的 IP 地址是什么？www.lyjmsc.com 的 IP 地址是什么？

4. 据你观察，在这里域名与 IP 地址的关系是怎样的？

五、学习反思

1. 域名与 IP 地址的关系

域名必须对应一个 IP 地址，单一功能的服务器使用这种策略。而 IP 地址不一定有域名。域名与 IP 地址之间既可以是一对一的关系也可以是多对一的关系，即多个域名对应一个 IP 地址。当一台服务器承担多种功能的时候，比如在一台服务器上有 FTP、Web、DNS 等多种服务时，可以采用多个域名对应一个 IP 地址这种策略。

2. DNS 服务器是干什么的

把域名转换成为网络可以识别的 IP 地址。互联网的网站都是以一台台服务器的形式存在的，我们怎么找到要访问的网站的服务器呢？这就需要给每台服务器分配 IP 地址。互联网上的网站很多，我们不可能记住每个网站的 IP 地址，这就产生了方便记忆的域名管理系统 DNS，它可以把我们输入的好记的域名转换为要访问的服务器的 IP 地址。

六、能力评价

序号	评 价 内 容	评 价 结 果			
		优秀	良好	通过	加油
		能灵活运用	能掌握80%以上	能掌握60%以上	其他
1	能说出什么是 DNS 服务器				
2	能说出域名与 IP 地址的关系				
3	能说出 DNS 服务器的作用是什么				

任务二 安装并配置 DNS 服务器

一、任务描述

依照确定的项目实施方案，网络管理员夏侯仲秋要为网管中心的服务器安装 DNS 服务并配置 DNS 服务器。

二、知识准备

在 Internet 中，域名采用的是层次结构，各层次域名之间用"."分割，形成倒置的逻辑树状结构。所有的顶级根域名由网络信息中心进行统一管理。同时，它还负责注册这些域名。

DNS 名称空间从顶层开始包括根域、子域、主机等。其中，子域还可细分为顶级域、二级域、三级域等。子域是一个相对的概念，如顶级域、二级域是它的子域，三级域也是它的子域，以此类推。

DNS 名称空间的第一层是 Internet 的最高层，称为根域。它是树状结构的根节点，主要负责处理顶级域名中的 DNS 服务器的解析请求。

DNS 名称空间的第二层是顶级域。在网络中，最右边的部分通常代表顶级域。如域名 www.baidu.com 中的 com 即是顶级域。顶级域名一般分成两类：组织上的和地理上的。以下是组织上的顶级域名举例：

| com | 商业组织 | mil | 军队 | edu | 教育机构 | gov | 政府 |
| net | 网络公司 | org | 非营利组织 | int | 国际组织 | | |

以下是地理上的顶级域名举例：

| au | 澳大利亚 | ca | 加拿大 | jp | 日本 | kr | 韩国 |
| cn | 中国 | de | 德国 | fr | 法国 | it | 意大利 |

在 DNS 树中，每一个节点都用一个简单的字符串（不带点）标识。这样，在 DNS 域名空间的任何一台计算机都可以用从叶节点（主机）到根的节点，中间用"."相连接的字符串来标识：叶节点.三级域名.二级域名.顶级域名.（最后的"."一般省略）。

DNS 规定，域名中的标识符都由英文字母和数字组成，每一个标识符不超过 63 个字符，也不区分大小写字母。标识符中除连字符（–）外不能使用其他的标点符号。级别最低的域名写在最左边，而级别最高的域名写在最右边。由多个标识符组成的完整域名总共不超过 255 个字符。

三、任务分析

DNS 服务器的 IP 地址是 192.168.71.2，子网掩码是 255.255.255.0，网关是 192.168.71.1。域名与 IP 地址之间的对应关系如表 2-1 所示。

表 2-1　域名与 IP 地址对应表

部　门	域　名	IP 地址
公司	www.lyjmfs.com	192.168.71.2
财务部	www.lyjmcw.com	192.168.71.2
设计部	www.lyjmsj.com	192.168.71.2
人事部	www.lyjmrs.com	192.168.71.2
销售部	www.lyjmxs.com	192.168.71.2
生产部	www.lyjmsc.com	192.168.71.2
FTP	ftp.lyjmfs.com	192.168.71.2

设置服务器的操作步骤如下。

1. 安装 DNS 服务器

（1）打开"管理您的服务器"窗口；

（2）打开"预备步骤"对话框，单击"下一步"按钮；

（3）设置"配置选项"对话框，选择"自定义配置"；

（4）设置"服务器角色"对话框，选择"DNS 服务器"；

（5）设置"选择总结"对话框，查看并确定将要安装的服务；

（6）系统将自动安装并配置 DNS 服务器。

2. 配置 DNS 服务器（创建区域 lyjmfs.com）

（1）设置"选择配置操作"对话框，选择"创建正向查找区域"单选框；

（2）设置"主服务器位置"对话框，选择"这台服务器维护该区域"；

（3）设置"区域名称"对话框，在"区域名称"编辑框中输入 lyjmfs.com；

（4）设置"区域文件"对话框，已经根据区域名称默认填入了一个文件名；

（5）设置"动态更新"对话框，选中"允许非安全和安全的动态更新"；

（6）设置"转发器"对话框，选择"否，不向前转发查询"；

（7）打开"正在完成配置 DNS 服务器向导"对话框。

3. 创建一个可被访问的 Web 站点的域名 www.lyjmfs.com

利用向导创建了"lyjmfs.com"区域，可是内部用户还是不能用这个名称来访问内部站点，因为它还不是一个合格的域名。接着还需要在其基础上创建指向不同主机的域名才能提供域名解析服务。其操作步骤如下：

（1）打开"dnsmgmt"控制台窗口；

（2）在左窗格中展开目录，然后用鼠标右键单击"lyjmfs.com"区域，选择快捷菜单中的"新建主机"命令；

（3）在"名称"编辑框中键入 www，主机的 IP 地址：192.168.71.2。

4. 创建区域

即 lyjmcw.com、lyjmsj.com、lyjmrs.com、lyjmxs.com、lyjmsc.com、lyjmfs.com。

5. 创建可被访问的 Web 站点的域名

即 www.lyjmcw.com、www.lyjmsj.com、www.lyjmrs.com、www.lyjmxs.com、ftp.lyjmsc.com。

四、任务实现

1. 安装 DNS 服务

（1）以管理员的身份登录到服务器，用户名：Administrator，密码：xh@.zq。

（2）单击菜单"开始"→"管理工具"→"管理您的服务器"，弹出"管理您的服务器"窗口，如图 2-1 所示。

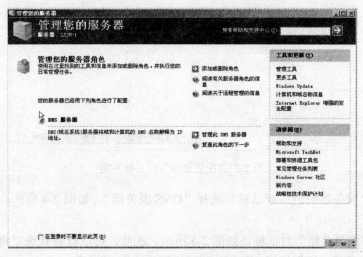

图 2-1 "管理您的服务器"窗口

（3）单击"添加或删除角色"选项，弹出"预备步骤"对话框，如图 2-2 所示。阅读"预备步骤"对话框后单击"下一步"按钮，系统将对本服务器上的每一个网络连接进行检测，如图 2-2 所示。

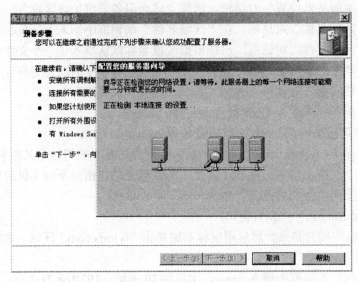

图 2-2 "预备步骤"对话框界面

（4）由于本服务器没有安装任何服务，系统将弹出"配置选项"对话框，如图 2-3 所示。我们选择"自定义配置"，单击"下一步"按钮。

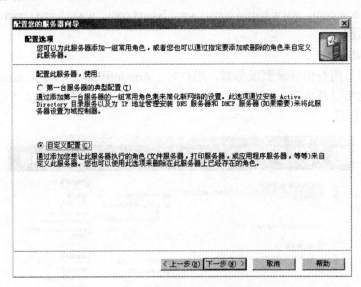

图 2-3 "配置选项"对话框界面

（5）弹出"服务器角色"对话框，选择"DNS 服务器"，如图 2-4 所示，单击"下一步"按钮。

（6）弹出"选择总结"对话框，如图 2-5 所示。在此，可以查看并确定将要安装的服务，审核完毕后单击"下一步"按钮。

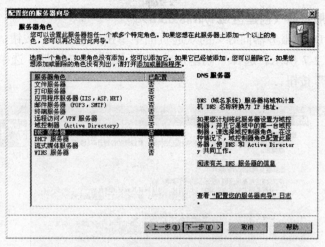

图 2-4 "服务器角色"对话框界面

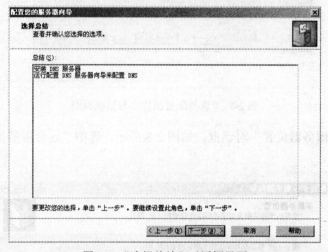

图 2-5 "选择总结"对话框界面

（7）系统将自动安装并配置 DNS 服务器。在安装过程中，需提供相关安装文件，请插入"安装光盘"，并制定"I386"目录所在路径。在配置 DNS 服务器时，系统将自动弹出"配置 DNS 服务器向导"对话框，如图 2-6 所示，单击"下一步"按钮。

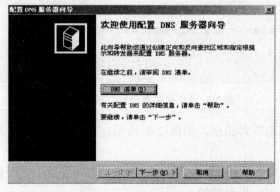

图 2-6 "配置 DNS 服务器向导"对话框界面

2. 配置 DNS 服务器（创建区域 lyjmfs.com）

（1）在"配置 DNS 服务器向导"的欢迎页面中单击"下一步"按钮，打开"选择配置操作"对话框，如图 2-7 所示。选择"创建正向查找区域"单选框处于选中状态，保持默认选项，单击"下一步"按钮。

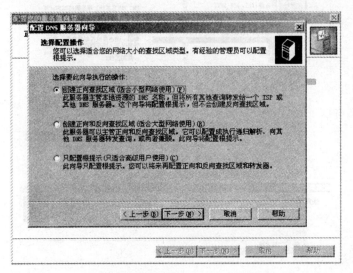

图 2-7 "选择配置操作"对话框界面

（2）弹出"主服务器位置"对话框，如图 2-8 所示，选中"这台服务器维护该区域"，单击"下一步"按钮。

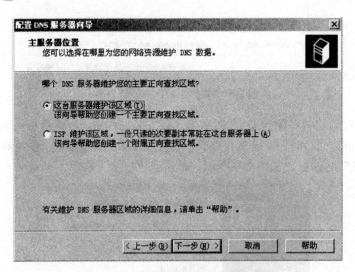

图 2-8 "主服务器位置"对话框界面

（3）弹出"区域名称"对话框，如图 2-9 所示，在"区域名称"编辑框中 lyjmfs.com，单击"下一步"按钮。

（4）弹出"区域文件"对话框，如图 2-10 所示，该向导页中已经根据区域名称默认填入了一个文件名，单击"下一步"按钮。

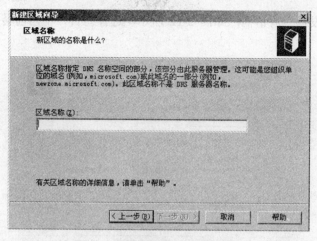

图 2-9 "区域名称"对话框界面

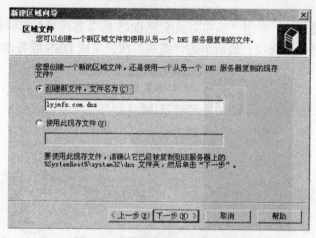

图 2-10 "区域文件"对话框界面

（5）弹出"动态更新"对话框，如图 2-11 所示，选中"允许非安全和安全的动态更新"，单击"下一步"按钮。

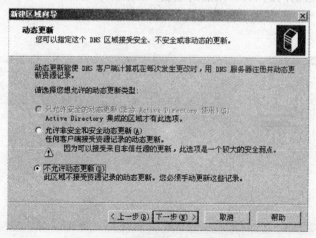

图 2-11 "动态更新"对话框界面

（6）弹出"转发器"对话框，如图 2-12 所示，选择"否，不向前转发查询"，然后单击"下一步"按钮。

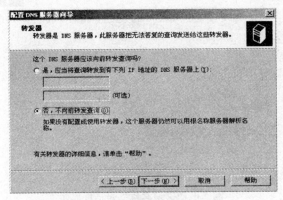

图 2-12 "转发器"对话框界面

（7）收集完根提示后，弹出"正在完成配置 DNS 服务器向导"对话框，如图 2-13 所示，该对话框列出所有已配置选项。最后单击"完成"按钮完成 DNS 服务器的配置。

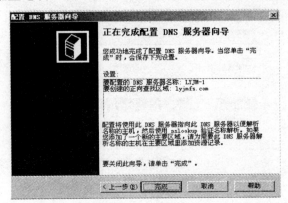

图 2-13 "正在完成配置 DNS 服务器向导"对话框界面

3. 创建一个可被访问的 Web 站点的域名"www.lyjmfs.com"

（1）依次单击"开始"→"管理工具"→"DNS"菜单命令，打开"dnsmgmt"控制台窗口，如图 2-14 所示。

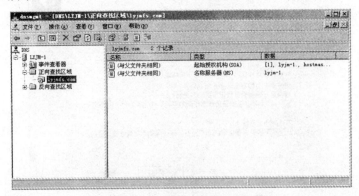

图 2-14 "dnsmagt"控制台窗口界面

（2）在左窗格中依次展开"LYJM-1"→"正向查找区域"目录。然后用鼠标右键单击"lyjmfs.com"区域，选择快捷菜单中的"新建主机"命令，打开"新建主机"对话框，如图2-15 所示。

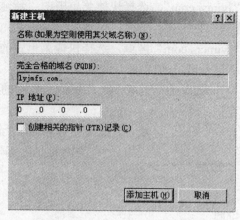

图2-15 "新建主机"对话框界面

（3）在"名称"编辑框中键入一个能代表该主机所提供服务的名称，我们输入 www，在"IP 地址"编辑框中输入该主机的 IP 地址：192.168.71.2。最后单击"添加主机"按钮，此时，DNS 服务器设置完成。

4. 创建区域 lyjmcw.com、lyjmsj.com、lyjmrs.com、lyjmxs.com、lyjmsc.com

打开"dnsmgmt"控制台窗口，如图2-14 所示。右键单击"正向查找区域"，在快捷菜单中选择"新建区域"命令，打开"配置 DNS 服务器向导"对话框，如图2-6 所示，对服务器进行配置，在"区域名称"对话框中的"区域名称"编辑框中分别输入 lyjmcw.com、lyjmsj.com、lyjmrs.com、lyjmxs.com、lyjmsc.com，其他操作步骤同创建区域 lyjmfs.com 操作步骤一样，建好后的区域如图2-16 所示。

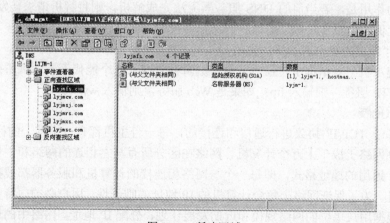

图2-16 所建区域

5. 创建可被访问的 Web 站点的域名 www.lyjmcw.com、www.lyjmsj.com、www.lyjmrs.com、www.lyjmsc.com、ftp.lyjmfs.com

（1）打开"dnsmgmt"控制台窗口，然后用鼠标右键单击"lyjmcw.com"区域，选择快捷菜单中的"新建主机"命令，打开"新建主机"对话框，如图2-15所示。在"名称"编辑框中键入www，在"IP地址"编辑框中输入该主机的IP地址：192.168.71.2，最后单击"添加主机"按钮。

（2）用鼠标右键单击"lyjmsj.com"，选择快捷菜单中的"新建主机"命令，打开"新建主机"对话框，其设置同步骤一。

（3）用鼠标右键单击"lyjmcrs.com"区域，选择快捷菜单中的"新建主机"命令，打开"新建主机"对话框，其设置同步骤一。

（4）用鼠标右键单击"lyjmsc.com"区域，选择快捷菜单中的"新建主机"命令，打开"新建主机"对话框，其设置同步骤一。

（5）用鼠标右键单击"lyjmfs.com"区域，选择快捷菜单中的"新建主机"命令，打开"新建主机"对话框。在"名称"编辑框中键入ftp，在"IP地址"编辑框中输入该主机的IP地址：192.168.71.2，最后单击"添加主机"按钮。

五、学习反思

1. 关于配置服务器的说明

如果服务器开机且没有锁定，就不需要登录。

在本任务中由于没有安装任何服务，安装完DNS服务器之后系统将自动弹出"配置DNS服务器向导"对话框，如图2-6所示。如果系统没有弹出"配置DNS服务器向导"对话框，此时我们还需要配置DNS服务器怎么办呢？打开"dnsmgmt"控制台窗口，如图2-14所示，右键单击"正向查找区域"，在快捷菜单中选择"新建区域"命令，打开"配置DNS服务器向导"对话框对服务器进行配置。

2. 关于"动态更新"对话框

在"动态更新"对话框中有三个选项：只允许安全的动态更新、允许非安全和安全动态更新、不允许动态更新，一般情况下都选择"允许非安全和安全动态更新"。

3. 关于"转发器"对话框的说明

转发器的作用是，若当前的DNS服务器无法完成解析，则将解析请求转发给其他DNS服务器。在此例中没有转发器，所以我们选择"否，不向前转发查询"。

4. 关于"新建主机"对话框的说明

在"新建主机"对话框中，在"名称"编辑框中键入一个能代表该主机所提供服务的名称，如果是FTP服务，则输入ftp；如果是Web服务，则输入www。

六、知识拓展

网络是基于TCP/IP协议进行通信和连接的，每一台主机都有一个唯一的标识固定的IP地址，以区别网络上成千上万个计算机。网络在区分所有与之相连的网络和主机时，均采用了一种唯一、通用的地址格式，即每一个与网络相连接的计算机和服务器都被指派了一个独一无二的地址。为了保证网络上每台计算机的IP地址的唯一性，用户必须向特定机构申请注册，该机构根据用户单位的网络规模和近期发展计划，分配IP地址。网络中的地址方案分为两套：IP地址系统和域名地址系统。这两套地址系统间有严格的对应关系。IP地址用二进制数来表示，每个IP地址长32比特，由4个小于256的数字组成，数字之间用点间隔，如100.10.0.1表示一个IP地址。由于IP地址是数字标识，使用时难以记忆和书写，因此在IP地址的基础上又发展出一种符号化的地址方案，来代替数字型的IP地址。每一个符号化的地址都与特定的 IP 地址对应，这样网络上的资源访问起来就容易得多了。这个与网络上的数字型 IP 地址相对应的字符型地址，就被称为域名。

可见域名就是上网单位的名称，是一个通过计算机登上网络的单位在该网中的地址。一个公司如果希望在网络上建立自己的主页，就必须取得一个域名，域名也由若干部分组成，包括数字和字母。通过该地址，人们可以在网络上找到所需的详细资料。域名是上网单位和个人在网络上的重要标识，起着识别作用，便于他人识别和检索某一企业、组织或个人的信息资源，从而更好地实现网络上的资源共享。除了识别功能外，在虚拟环境下，域名还可以起到引导、宣传、代表等作用。通俗地说，域名就相当于一个家庭的门牌号码，别人通过这个号码可以很容易地找到你。

七、能力评价

序号	评 价 内 容	评 价 结 果			
		优秀	良好	通过	加油
		能灵活运用	能掌握80%以上	能掌握60%以上	其他
1	能安装 DNS 服务器				
2	能正确配置 DNS 服务器				
3	能正确创建可被访问的 Web 站点的域名				
4	能说出域名的空间组织结构及常用的顶级域名				

任务三　配置 DNS 客户端并验证域名解析的正确性

一、任务描述

网络管理员夏侯仲秋已经为网管中心的服务器安装并配置好了 DNS 服务器，接着就该配置 DNS 客户端并验证域名解析的正确性了。

二、知识准备

1. 关于 IP 地址

由于 Internet 是一个由众多网络构成的庞大的网间网，这其中的每个网络也必须有自己的标识符。因此，可以把主机的 IP 地址分成两部分：网络标志和主机标志（即前缀和后缀）。同一个网络上的所有主机都用同一个网络标志，网络上的每一个主机则都有一个主机标志与其对应。

2. 子网掩码

它是一种用来指明一个 IP 地址的哪些位标识的是主机所在的子网以及哪些位标识的是主机的位掩码。子网掩码不能单独存在，它必须结合 IP 地址一起使用。子网掩码只有一个作用，就是将某个 IP 地址划分成网络地址和主机地址两部分。

要想理解什么是子网掩码，就不能不了解 IP 地址的构成。互联网是由许多小型网络构成的，每个网络上都有许多主机，这样便构成了一个有层次的结构。IP 地址在设计时就考虑到地址分配的层次特点，将每个 IP 地址都分割成网络号和主机号两部分，以便于 IP 地址的寻址操作。

IP 地址的网络号和主机号各是多少位呢？如果不指定，就不知道哪些位是网络号、哪些是主机号，这就需要通过子网掩码来实现。

子网掩码的设定必须遵循一定的规则。与 IP 地址相同，子网掩码由 1 和 0 组成，且 1 和 0 分别连续。子网掩码的长度也是 32 位，左边是网络位，用二进制数字"1"表示，1 的数目等于网络位的长度；右边是主机位，用二进制数字"0"表示，0 的数目等于主机位的长度。这样做的目的是为了让掩码与 IP 地址做 AND 运算时用 0 遮住原主机数，而不改变原网络段数字，而且很容易通过 0 的位数确定子网的主机数（2 的主机位数次幂减 2，因为主机号全为 1 时表示该网络广播地址，全为 0 时表示该网络的网络号，这是两个特殊地址）。只有通过子网掩码，才能表明一台主机所在的子网与其他子网的关系，使网络正常工作。

子网掩码可以确定一个网络层地址哪一部分是网络号，哪一部分是主机号，掩码为 1 的部分代表网络号，掩码为 0 的部分代表主机号。子网掩码的作用就是获取主机 IP 的网络地址信息，用于区别主机通信不同情况，由此选择不同路由。其中 A 类地址的默认子网掩码为 255.0.0.0；B 类地址的默认子网掩码为 255.255.0.0；C 类地址的默认子网掩码为 255.255.255.0。

3. 网关

它用来连接不同网络的设置，充当了一个翻译的身份，负责对不同的通信协议进行翻译。大家都知道，从一个房间走到另一个房间，必然要经过一扇门。同样，从一个网络向另一个网络发送信息，也必须经过一道"关口"，这道关口就是网关。顾名思义，网关（Gateway）就是一个网络连接到另一个网络的"关口"。

在 OSI 中，网关有两种：一种是面向连接的网关；一种是无连接的网关。当两个子网之间有一定距离时，往往将一个网关分成两半，中间用一条链路连接起来，我们称之为半网关。

按照不同的分类标准，网关也有很多种。TCP/IP 协议里的网关是最常用的，在这里我们所说的"网关"均指 TCP/IP 协议下的网关。

那么网关到底是什么呢？网关实质上是一个网络通向其他网络的 IP 地址。比如在本项目中的两个网络：财务部网络（网路 A）和除财务部之外的网络（网路 B），网路 A 的 IP 地址范围为"192.168.70.2～192.168.2.60"，子网掩码为 255.255.255.0；网路 B 的 IP 地址范围为"192.168.71.2～192.168.71.160"，子网掩码为 255.255.255.0。在没有路由器的情况下，两个网络（也称网段）之间是不能进行 TCP/IP 通信的，即使是两个网络连接在同一台交换机（或集线器）上，TCP/IP 协议也会根据子网掩码（255.255.255.0）判定两个网络中的主机处在不同的网络里。而要实现这两个网络之间的通信，则必须通过网关。如果网络 A 中的主机发现数据包的目的主机不在本地网络中，就把数据包转发给它自己的网关，再由网关转发给网络 B 的网关，网络 B 的网关再转发给网络 B 的某个主机。网络 B 向网络 A 转发数据包的过程与此一样。所以说，只有设置好网关的 IP 地址，TCP/IP 协议才能实现不同网络之间的相互通信。那么这个 IP 地址是哪台机器的 IP 地址呢？网关的 IP 地址是具有路由功能的设备的 IP 地址，具有路由功能的设备有路由器、启用了路由协议的服务器（实质上相当于一台路由器）、代理服务器（也相当于一台路由器）。

需要特别注意的是：默认网关的地址必须是电脑自己所在的网段中的 IP 地址，而不能填写其他网段中的 IP 地址。

网关的配置是另外一门课程的内容，本教材只能点到为止。

三、任务分析

1. 设置 DNS 客户端（以人事部的某一台电脑为例）

（1）打开网络连接。

（2）打开"本地连接属性"对话框。

（3）打开"Internet 协议（TCP/IP）属性"对话框。

（4）选择"使用下面的 IP 地址"，输入 IP 地址：192.168.71.10，子网掩码：255.255.255.0，默认网关：192.168.71.1，DNS 服务器地址为 192.168.71.2。

2. 验证域名解析的正确性

（1）打开命令提示符。

（2）输入 ping ipconfig/all。

（3）输入 ping www.lyjmfs.com。

（4）输入 ping www.lyjmcw.com。

（5）输入 ping www.lyjmsj.com。

（6）输入 ping www.lyjmxs.com。

（7）输入 ping www.lyjmrs.com。

（8）输入 ping www.lyjmsc.com。

（9）输入 ping ftp.lyjmfs.com。

四、任务实现

1. 设置 DNS 客户端

（1）打开网络连接：右键单击"网上邻居"，在弹出的快捷菜单中选择"属性"，打开网络连接。

（2）右键单击要配置的网络连接，然后单击"属性"，打开"本地连接属性"对话框，如图 2-17 所示。

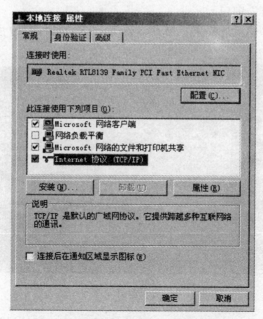

图 2-17 "本地连接属性"对话框界面

（3）在"常规"选项卡上单击"Internet 协议（TCP/IP）"，然后单击"属性"，打开"Internet 协议（TCP/IP）属性"对话框，如图 2-18 所示。

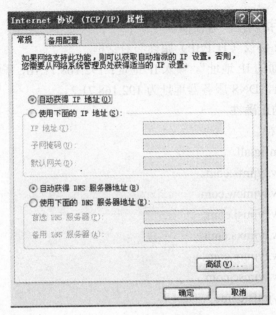

图 2-18 "Internet 协议（TCP/IP）属性"对话框界面

（4）选择"使用下面的 IP 地址"，输入 IP 地址：192.168.71.10，子网掩码：255.255.225.0，默认网关：192.168.72.1。首选 DNS 服务器的地址：192.168.71.2。

2. 验证正确性

（1）打开"命令提示符"窗口。单击"开始"→"程序"→"附件"→"命令提示符"命令，打开"命令提示符"窗口。

（2）在命令提示符中输入 ipconfig/all 命令，显示结果如图 2-19 所示。

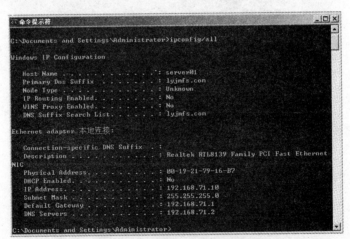

图 2-19 显示结果界面（一）

（3）在命令提示符中输入 ping www.lyjmfs.com 命令，显示结果如图 2-20 所示。

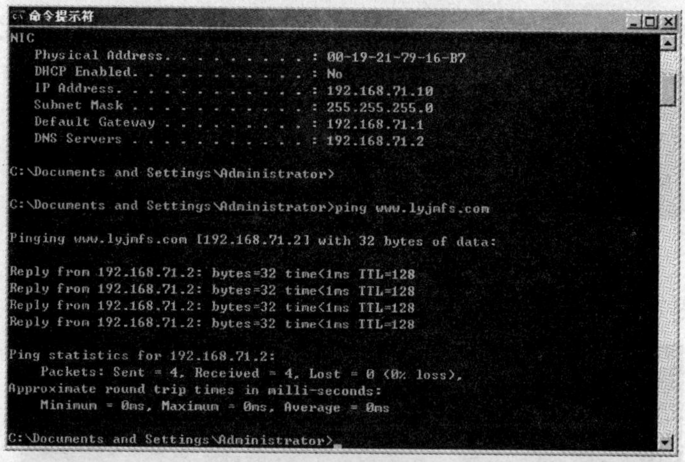

图 2-20　显示结果界面（二）

（4）在命令提示符中输入 ping www.lyjmcw.com 命令，显示结果如图 2-21 所示。

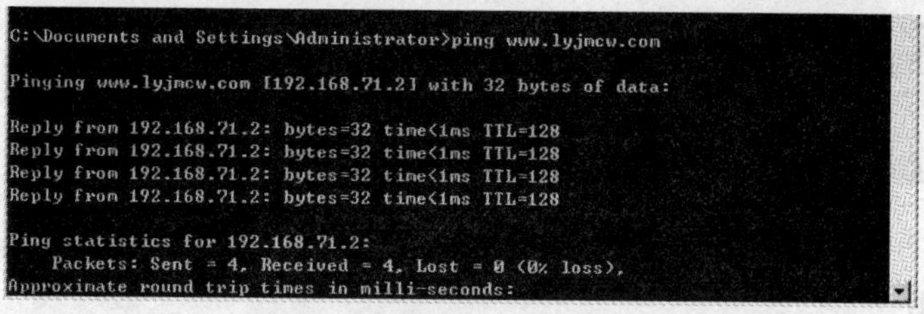

图 2-21　显示结果界面（三）

（5）在命令提示符中输入 ping www.lyjmsj.com 命令，显示结果如图 2-22 所示。

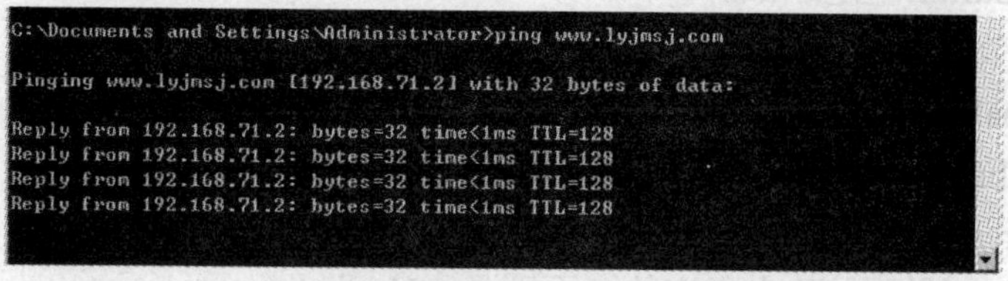

图 2-22　显示结果界面（四）

（6）在命令提示符中输入 ping www.lyjmxs.com 命令，显示结果如图 2-23 所示。

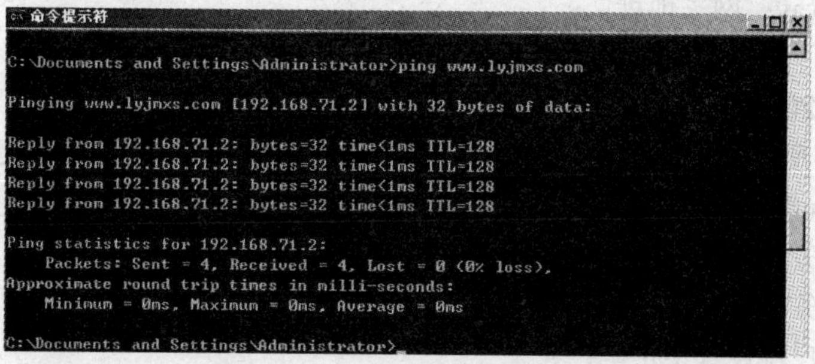

图 2-23　显示结果界面（五）

（7）在命令提示符中输入 ping www.lyjmrs.com 命令，显示结果如图 2-24 所示。

```
C:\Documents and Settings\Administrator>ping www.lyjmrs.com

Pinging www.lyjmrs.com [192.168.71.2] with 32 bytes of data:

Reply from 192.168.71.2: bytes=32 time<1ms TTL=128
Reply from 192.168.71.2: bytes=32 time<1ms TTL=128
Reply from 192.168.71.2: bytes=32 time<1ms TTL=128
Reply from 192.168.71.2: bytes=32 time<1ms TTL=128
```

图 2-24　显示结果界面（六）

（8）在命令提示符中输入 ping www.lyjmsc.com 命令，显示结果如图 2-25 所示。

```
Pinging ftp.lyjmfs.com [192.168.71.2] with 32 bytes of data:

Reply from 192.168.71.2: bytes=32 time<1ms TTL=128
Reply from 192.168.71.2: bytes=32 time<1ms TTL=128
Reply from 192.168.71.2: bytes=32 time<1ms TTL=128
Reply from 192.168.71.2: bytes=32 time<1ms TTL=128
```

图 2-25　显示结果界面（七）

（9）在命令提示符中输入 ping ftp.lyjmfs.com 命令，显示结果如图 2-26 所示。

```
Pinging ftp.lyjmfs.com [192.168.71.2] with 32 bytes of data:

Reply from 192.168.71.2: bytes=32 time<1ms TTL=128
Reply from 192.168.71.2: bytes=32 time<1ms TTL=128
Reply from 192.168.71.2: bytes=32 time<1ms TTL=128
Reply from 192.168.71.2: bytes=32 time<1ms TTL=128
```

图 2-26　显示结果界面（八）

五、学习反思

1. 关于图 2-19 的说明

Host Name：主机名

Primary Dns Suffix：主要域名

Node Type：节点类型

IP Routing Enabled：是否允许 IP 路由

WINS Proxy Enabled：是否允许代理 Windows 信息名称

Physical Address：网卡地址，即 MAC 地址

DHCP Enabled：说明是静态指定的，否则是"Yes"

IP Address：本机的 IP 地址

Subnet Mask：子网掩码

Default Gateway：网关地址

DNS Servers：DNS 服务器的地址

2. 关于图 2-20 的说明

出现图 2-18 所示显示信息，则表示能 ping 通，表示 DNS 服务器搭建成功。如果显示"Reauest Timed Out"信息，则表示不能 ping 通。出现这种情况的原因可能有以下几种：

（1）DNS 服务器搭建失败，不能正确解析；

（2）DNS 服务器未启动；

（3）DNS 客户端设置不正确；

（4）网络不通。

六、知识拓展

1．基本调试命令

（1）使用 ipconfig/all 命令查看配置：将给出所有接口的详细配置报告。

使用带/all 选项的 ipconfig 命令时，将给出所有接口的详细配置报告，包括任何配置的串行端口。

发现和解决 TCP/IP 网络问题时，先检查出现问题的计算机上的 TCP/IP 配置。可以使用 ipconfig 命令获得主机配置信息，包括 IP 地址、子网掩码和默认网关。

（2）使用 ping 测试连接：它是用来检查网络是否通畅或者网络连接速度的命令。

进行故障排除时，可以使用 ping 向目标主机名或 IP 地址发送 ICMP 回显请求。需要验证主机是否连接到 TCP/IP 网络和网络资源时，请使用 ping 命令。

作为一个网络管理员来说，ping 命令是第一个必须掌握的 DOS 命令，它所利用的原理是这样的：利用网络上机器 IP 地址的唯一性，给目标 IP 地址发送一个数据包，再要求对方返回一个同样大小的数据包来确定两台网络机器是否连接相通，时延是多长。

2．IP 地址

IP 地址可以分为静态 IP 地址和动态 IP 地址。静态 IP 地址是分配给某个主机的固定的 IP 地址，被这个主机一直占用，而不管这台主机是否在与 Internet 通信，因此不能再分配给其他主机。动态 IP 地址是在不同时间内分配给不同的计算机。例如，用户使用 ADSL 方式通过 ISP 连入 Internet 时，由 ISP 为其计算机分配一个动态 IP 地址，当断开 Internet 的连接后，这个动态 IP 地址被收回，并可再分配给其他用户。

为动态寻址配置 TCP/IP：

（1）打开网络连接，右键单击"网上邻居"，在弹出的快捷菜单中选择"属性"，打开网络连接；

（2）右键单击要配置的网络连接，单击"属性"，打开"本地连接属性"对话框，如图 2-17 所示；

（3）在"常规"选项卡上单击"Internet 协议（TCP/IP）"，然后单击"属性"，打开"Internet 协议（TCP/IP）属性"对话框，如图 2-18 所示。勾选"自动获得 IP 地址"选项和"自动获得 DNS 服务器地址"选项。

3．小经验

当你发现本地机设置的 IP 地址和使用 ipconfig/all 命令看到的"IP Address（本机的 IP 地址）"不一致时，可以先禁用"本地连接"，然后再启用"本地连接"。

七、能力评价

序号	评 价 内 容	评 价 结 果			
		优秀	良好	通过	加油
		能灵活运用	能掌握 80% 以上	能掌握 60% 以上	其他
1	能配置 DNS 客户端				
2	能使用 ipconfig/all 命令和 ping 命令验证域名解析的正确性				
3	能说出什么是子网掩码、网关				

单 元 小 结

　　本单元主要叙述了 DNS 服务器的作用、安装、配置和客户端的设置。重点讲述了 DNS
服务器的安装和配置等操作。随后还讲述了子网掩码和网关的相关知识及基本调试命令。

　　通过本章的学习，应该能够对 DNS 服务器进行基本配置和对客户端进行相应设置，为网
络管理的实际应用打下基础。

第三单元

搭建 DHCP 服务器

任务一　项目说明及方案讨论

一、项目描述

考虑到日常使用上的安全，在公司局域网的基础上，公司财务部又搭建了自己的局域网，为了方便给每台电脑配置 IP 地址，需要搭建一台 DHCP 服务器，实现为财务部员工的电脑动态分配 IP 地址。

二、知识准备

1. 动态 IP 地址

动态 IP 地址在不同时间内可以分配给不同的计算机。

2. DHCP 的概念

DHCP（Dynamic Host Configure Protocol）即动态主机配置协议，是一个简化主机 IP 地址分配管理的 TCP/IP 标准协议，用于向网络中的计算机分配 IP 地址以及一些 TCP/IP 配置信息（如子网掩码、默认网关等）。

3. DHCP 服务简介

使用 DHCP 时必须在网络中有一台 DHCP 服务器，其他客户机作为 DHCP 客户端。客户机向 DHCP 服务器请求获取一个动态 IP 地址及其他 TCP/IP 参数时，DHCP 服务器会从配置好的 IP 地址中选择一个尚未使用的分配给客户机。但有一个租约期限，若客户机不续订租约，期满后 DHCP 服务器会收回出租的 IP 地址，并将此 IP 地址分配给其他客户机。

三、方案描述

公司财务部的局域网内有多台电脑（上限 50 台）供员工使用，需要为每台电脑配置 IP 地址、子网掩码、默认网关、DNS 服务器信息，使得员工能使用这些电脑进行通信。为了保证财务部电脑的使用安全性，同时也减少网管为每台电脑一一分配 IP 地址的工作量，需要在财务部搭建一台 DHCP 服务器，实现为财务部的客户机动态分配 IP 地址。

夏侯仲秋决定采用以下方案来完成 DHCP 服务器的搭建。

1. 安装 DHCP 服务

在财务部那台已装好网络操作系统的服务器上安装 DHCP 服务。该计算机已设置好 IP 地址为 192.168.70.2，子网掩码为 255.255.255.0，默认网关为 192.168.70.1。

2. 配置 DHCP 服务器

将已安装了 DHCP 服务的服务器配置为 DHCP 服务器，主要的配置信息如下。

（1）添加要分配的 IP 地址范围为 192.168.70.3～192.168.70.60，子网掩码为 255.255.255.0。

（2）确定 IP 地址的租约期限为 8 天。

（3）分配其他网络参数：默认网关地址为 192.168.70.1，DNS 服务器地址为 192.168.71.2。

3. 验证 DHCP 服务器的可用性

设置 DHCP 客户端能自动获得 DHCP 服务器分配的 IP 地址和其他网络参数。

四、分组讨论

根据以上方案，请思考以下问题：

1. 什么是 DHCP？

2. DHCP 服务器安装在哪个部门？有什么作用？

3. 搭建 DHCP 服务器，首先要安装什么服务？

4. 配置 DHCP 服务器时，主要配置哪些信息？

5. 具体说说本项目中的 DHCP 服务器的配置信息。

6. 客户机如何获得 DHCP 服务器分配的 IP 地址等网络信息？

五、学习反思

（1）本项目中，为财务部的电脑使用 DHCP 服务器动态分配 IP 地址，一是考虑到了财务部数据的安全性，避免在采用手工配置静态 IP 地址的过程中发生破坏财务部数据的事情；二是针对财务部电脑数量较多的情况，可以使用 DHCP 服务器来代替人工配置 IP 地址，减少网管的工作量，也不易出错。

（2）在财务部搭建 DHCP 服务器，首先要安装 DHCP 服务，使得 DHCP 服务器能提供 DHCP 服务来动态分配 IP 地址。安装好 DHCP 服务后，要配置 DHCP 服务器。由于 DHCP 服务器能为客户机分配 IP 地址以及一些 TCP/IP 配置信息（如子网掩码、默认网关等），并且这种分配是动态的，即客户机使用 DHCP 服务器分配的 IP 地址时有一个租约期限，期满后 DHCP 服务器会收回出租的 IP 地址，并将此 IP 地址分配给其他客户机，因此在配置 DHCP 服务器时主要配置好分配的 IP 地址范围、租约期限及 DHCP 选项这些信息。为了验证配置的 DHCP 服务器能否为客户机动态分配 IP 地址等网络信息，需要设置客户机为自动获得方式。

六、能力评价

序号	评 价 内 容	评 价 结 果			
		优秀	良好	通过	加油
		能灵活运用	能掌握80%以上	能掌握60%以上	其他
1	能说出 DHCP 的概念				
2	能说出 DHCP 服务器安装在哪个部门，有什么作用				
3	能说出搭建 DHCP 服务器，首先要安装什么服务				
4	能说出配置 DHCP 服务器时主要配置哪些信息				
5	能说出客户机如何获得 DHCP 服务器分配的 IP 地址等网络信息				

任务二 安装 DHCP 服务

一、任务描述

为了在公司财务部搭建 DHCP 服务器，以方便为财务部的客户机分配 IP 地址，夏侯仲秋要先在财务部的服务器上安装 DHCP 服务。

二、知识准备

DHCP 服务使得网络中的客户机能自动获得一个 IP 地址。安装了 DHCP 服务的服务器可以为网络中的每个客户机提供一个 IP 地址、子网掩码及其他配置信息（包括默认网关、DNS 服务器等）。DHCP 提供安全、可靠且简单的 TCP/IP 网络设置，避免了网络中的地址冲突，同时大大降低了管理 IP 地址的负担。

DHCP 服务是与 DHCP 协议有关的应用程序，必须要有完整的组件支持，安装 DHCP 服务需要手动安装相应的服务组件。

三、任务分析

DHCP 服务器是安装了 DHCP 服务软件的计算机（服务器），而 DHCP 是一个网络服务组件，它在安装 Windows Server 2003 操作系统时不被自动安装，因此，要想安装 DHCP 服务，需要手动添加这个服务组件才行。当然，夏侯仲秋要安装 DHCP 服务的这台服务器已安装了 Windows Server 2003 操作系统和 TCP/IP 协议。登录这台服务器时使用的管理员用户名为 XHZQ，密码为 xia@.cn，其 IP 地址为 192.168.70.2，子网掩码为 255.255.255.0，默认网关为 192.168.70.1。

安装 DHCP 服务，可以通过以下两步实现：

（1）使用管理员用户账户登录服务器；

（2）添加 DHCP 服务组件。

四、任务实现

1. 使用管理员用户账户登录服务器

管理员用户名为 XHZQ，密码为 xia@.cn。

2. 添加 DHCP 服务组件

（1）单击菜单"开始"→"管理工具"→"管理您的服务器"，打开"管理您的服务器"窗口，如图 3-1 所示，单击"添加或删除角色"链接选项。

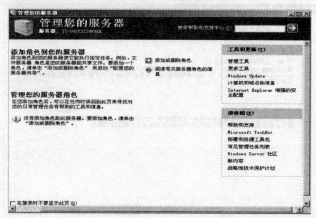

图 3-1 "管理您的服务器"窗口

（2）弹出"预备步骤"对话框，在这个对话框中显示向导进行所必须做的预备步骤，如图 3-2 所示，阅读步骤后单击"下一步"按钮。

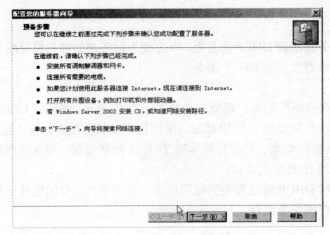

图 3-2 "预备步骤"对话框

（3）系统对本服务器上的每一个网络连接进行检测，如图 3-3 所示。

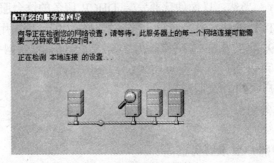

图 3-3 检测网络连接

（4）检测完成后，弹出"配置选项"对话框，如图 3-4 所示。选择"自定义配置"选项，单击"下一步"按钮。

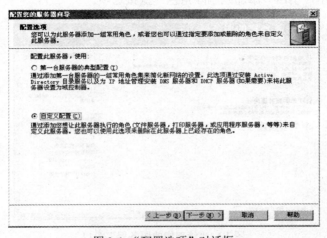

图 3-4 "配置选项"对话框

（5）弹出"服务器角色"对话框，在这个对话框列表中显示了当前服务器可以安装的服务务，如图 3-5 所示。选择"DHCP 服务器"选项，单击"下一步"按钮。

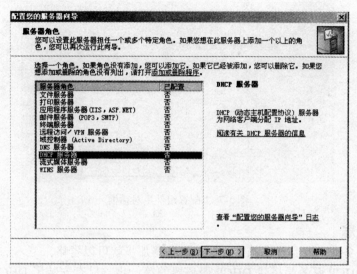

图 3-5　"服务器角色"对话框

（6）弹出"选择总结"对话框，在此对话框中总结了您所选择的服务器角色配置说明，如图 3-6 所示。在这里可以不必关注，单击"下一步"按钮。

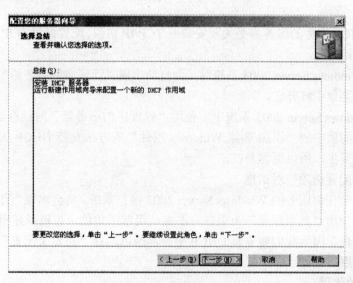

图 3-6　"选择总结"对话框

（7）弹出"配置组件"对话框，如图 3-7 所示。该对话框显示了安装 DHCP 服务器所进行的组件安装进程。在安装过程中，需提供相关安装文件，请插入"Windows Server 2003 安装光盘"，并指定"I386"目录所在路径。

（8）配置完成后，系统自动弹出"新建作用域向导"对话框，先不要单击该对话框中的任何按钮，到此 DHCP 服务安装完成。

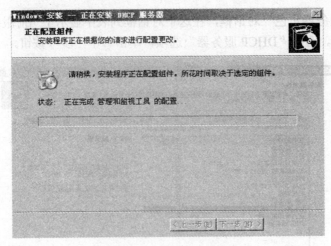

图 3-7 "配置组件"对话框

五、学习反思

（1）如果服务器开着且没有锁定，登录服务器那步就可以省略。

（2）安装 DHCP 服务是搭建 DHCP 服务器的第一步。只有安装了 DHCP 服务的计算机才能配置为 DHCP 服务器，从而实现为网络中的客户机动态分配 IP 地址等网络信息。

（3）安装 DHCP 服务前的注意事项：

① 安装 DHCP 服务的服务器必须是安装了网络操作系统（在这里是 Windows Server 2003）的计算机。

② 安装 DHCP 服务的服务器必须要安装好 TCP/IP 协议，配置好静态 IP 地址、子网掩码、默认网关等信息。

（4）进入 Windows Server 2003 系统时，会自动出现"管理您的服务器"对话框，这样就不必从"开始"菜单中打开它。

（5）在 Windows Server 2003 系统中，使用"管理您的服务器"对话框安装 DHCP 服务，相较于使用控制面板中的"添加/删除 Windows 组件"的方法安装 DHCP 服务，由于避免了选错组件的情况发生，所以更容易些。

（6）关于"配置选项"对话框

对于没有安装任何服务的 Windows Server 2003 操作系统，将会出现"配置选项"对话框。此时，用户可以使用"典型配置"为服务器添加一组常用角色，也可以使用"自定义配置"指定要添加的角色。因为我们要安装 DHCP 服务，所以选择"自定义配置"选项。

六、知识拓展

1. DHCP 的作用

1）减少网络管理的工作量

我们熟悉的网络环境中都是使用 TCP/IP 协议标准，这就要求联网的每台计算机都要有 IP 地址才能通信。由于 DHCP 服务器可以自动分配 IP 地址、子网掩码、默认网关等配置信息，因此减少了网络管理员手动配置的工作量。

2）降低网络管理的复杂度

用常规的手动配置方法为网络中的每一台计算机配置 IP 地址等信息时，往往会产生误输入的情况，而这样的错误又会导致网络通信或数据传输出错。采用 DHCP 服务器为网络中的客户端分配 IP 地址等信息则不会出错。

3）减少网络重复配置的工作量

若将计算机从一个子网移到另一个子网（如从财务部移到销售部），要改变计算机的 IP 地址等信息。采用 DHCP 服务器可以实时更新计算机的网络信息。

4）节约 IP 地址资源

众所周知，IP 地址资源有限，当可供使用的 IP 地址数量较少时，为了节省 IP 地址资源，提高 IP 地址的使用率，采用 DHCP 服务器可以为连接入网络的客户机临时分配一个 IP 地址及其他网络信息，当客户机断开网络时，将自动释放获得的 IP 地址，DHCP 服务器会将释放的 IP 地址分配给其他计算机。所以大家会发现每次上网的时候，计算机使用的 IP 地址是不同的。

2. 安装 DHCP 服务的另一种方法

除了用上面介绍的方法安装 DHCP 服务之外，还有一种方法在众多的网络操作系统（如 Windows NT/2000/Server 2003 等）中都适用，该方法如下。

（1）单击菜单"开始"→"控制面板"→"添加或删除程序"，打开"添加或删除程序"对话框，如图 3-8 所示。单击"添加/删除 Windows 组件"按钮。

图 3-8 "添加或删除程序"对话框

（2）弹出"Windows 组件向导"对话框，DHCP 是网络服务组件之一，因此需要在组件列表中，拖动右侧的滚动条，选中"网络服务"一项，如图 3-9 所示。单击"详细信息"按钮。

（3）弹出"网络服务"对话框，该对话框列出了网络服务所包含的子组件，如图 3-10 所示。单击"动态主机配置协议（DHCP）"一项左侧的复选框，选中此项后单击"确定"按钮。

（4）回到原来的"Windows 组件向导"对话框，单击"下一步"按钮，弹出"配置组件"对话框，它显示了安装 DHCP 服务器所进行的组件安装进程，如图 3-11 所示。在安装过程中，需提供相关安装文件，请插入"Windows Server 2003 安装光盘"，并指定"I386"目录所在路径。

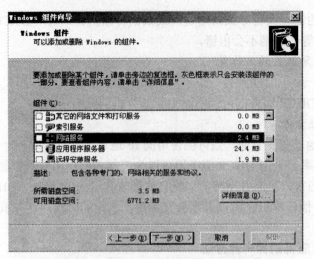

图 3-9 "Windows 组件向导"对话框

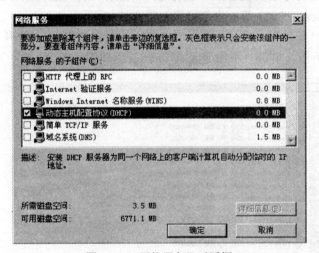

图 3-10 "网络服务"对话框

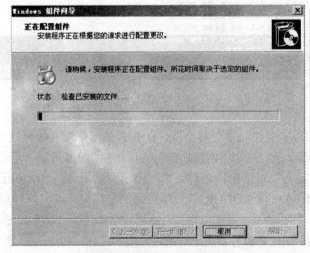

图 3-11 "配置组件"对话框

（5）组件安装完成后，会自动出现如图 3-12 所示的对话框，单击"完成"按钮，到此 DHCP 服务安装完成。

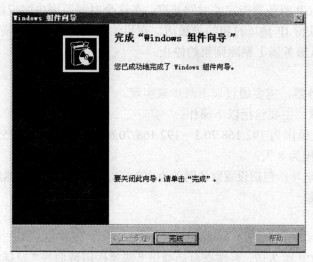

图 3-12 "完成 Windows 组件向导"对话框

七、能力评价

序号	评 价 内 容	评 价 结 果			
		优秀	良好	通过	加油
		能灵活运用	能掌握 80% 以上	能掌握 60% 以上	其他
1	能说出 DHCP 的作用				
2	能按照步骤安装 DHCP 服务				
3	能根据此项目的实际要求自己动手安装 DHCP 服务				

任务三 创建 DHCP 服务器

一、任务描述

夏侯仲秋已在财务部的服务器上安装了 DHCP 服务，接下来还需要将这台计算机配置为 DHCP 服务器，从而实现为财务部员工使用的客户机动态分配 IP 地址。

二、知识准备

DHCP 服务器是提供 DHCP 服务的服务器，它可以为网络中启用了 DHCP 服务的客户机动态分配 IP 地址，使其能自动获取一个 IP 地址，从而降低了重新配置计算机的难度，减少了管理网络的工作量。

作用域是一个网络中的所有可分配的 IP 地址的连续范围。它主要用来定义网络中单一的物理子网的 IP 地址范围。作用域是服务器用来管理分配给网络客户的 IP 地址的主要手段。DHCP 作用域是用来定义 IP 地址范围和相关设置（如默认网关和 DNS 服务器等）的一组属性。

排除地址范围是不用于分配的 IP 地址序列。它保证在这个序列中的 IP 地址不会被 DHCP 服务器分配给客户机。

　　租约期限是 DHCP 服务器指定的时间长度，在这个时间范围内客户机可以使用所获得的 IP 地址。当客户机获得 IP 地址时租约被激活。在租约到期前，客户机需要更新 IP 地址的租约，当租约过期或从服务器上删除则租约停止。

三、任务分析

　　配置 DHCP 服务器，需要通过以下两步来实现。

　　（1）新建作用域。主要包括以下操作：

　　① 添加 IP 地址范围为 192.168.70.3～192.168.70.60，子网掩码为 255.255.255.0；

　　② 设置租约期限为 8 天；

　　③ 配置 DHCP 选项：包括设置默认网关为 192.168.70.1，DNS 服务器地址为 192.168.71.2。

　　（2）激活作用域。

四、任务实现

1. 新建作用域

　　（1）安装好 DHCP 服务后，系统会自动弹出"新建作用域向导"对话框，如图 3-13 所示。单击"下一步"按钮。

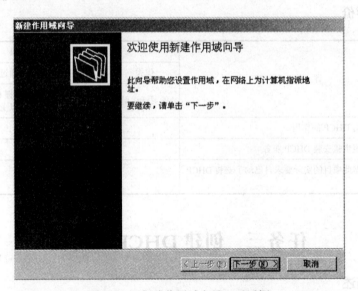

图 3-13　"新建作用域向导"对话框

　　（2）弹出"作用域名"对话框，输入作用域的名称：cwbDHCP 和描述信息：第一台 DHCP 服务器，如图 3-14 所示。单击"下一步"按钮。

　　（3）弹出"IP 地址范围"对话框，如图 3-15 所示。分配给财务部计算机的 IP 地址范围为 192.168.70.3～192.168.70.60，在"起始 IP 地址"框中输入 192.168.70.3，在"结束 IP 地址"框中输入 192.168.70.60。单击"下一步"按钮。

　　（4）弹出"添加排除"对话框，由于财务部没有其他服务器，因此不需要排除 IP 地址，直接单击"下一步"按钮，如图 3-16 所示。

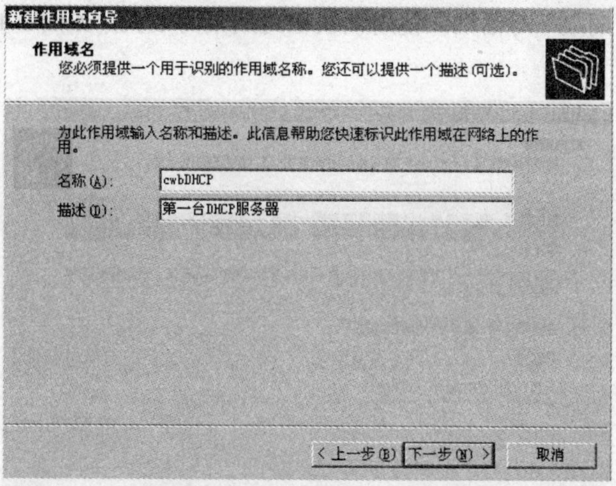

图 3-14　"作用域名"对话框

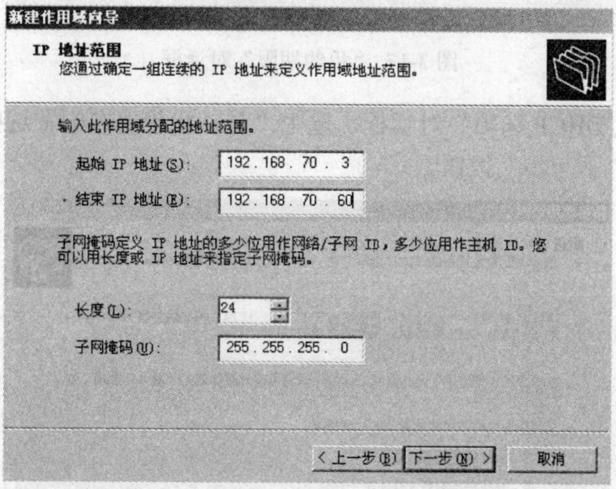

图 3-15　"IP 地址范围"对话框

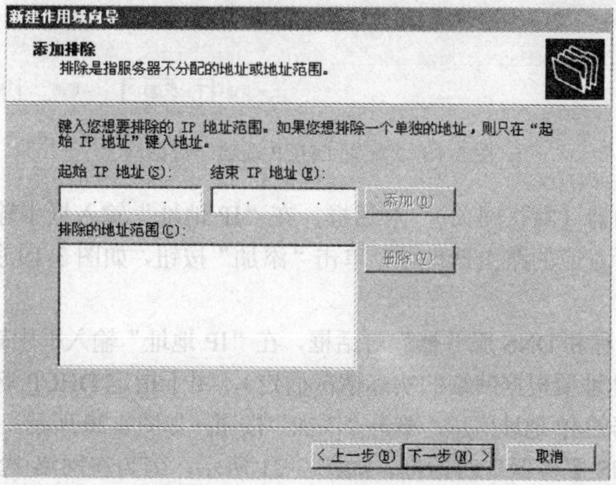

图 3-16　"添加排除"对话框

（5）弹出"租约期限"对话框，使用默认租约期限为 8 天，如图 3-17 所示。单击"下一步"按钮。

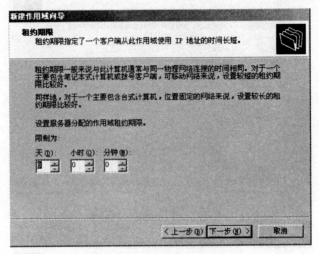

图 3-17　"租约期限"对话框

（6）弹出"配置 DHCP 选项"对话框，选中"是，我想现在配置这些选项"单选框，如图 3-18 所示。单击"下一步"按钮。

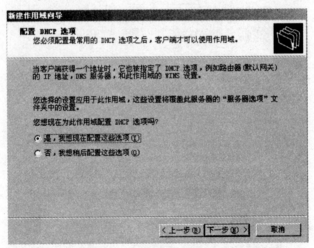

图 3-18　"配置 DHCP 选项"对话框

（7）弹出"路由器（默认网关）"对话框，在"IP 地址"输入框中输入 192.168.70.1，用于指定当前作用域所对应的路由器地址，单击"添加"按钮，如图 3-19 所示。单击"下一步"按钮。

（8）弹出"域名称和 DNS 服务器"对话框，在"IP 地址"输入框中输入 192.168.71.2（注意：DNS 服务器的地址要根据网络的实际情况而定），用于指定 DHCP 客户端进行 DNS 解析时使用的 DNS 服务器的 IP 地址信息，单击"添加"按钮，如图 3-20 所示。单击"下一步"按钮。

（9）弹出"WINS 服务器"对话框，如图 3-21 所示。因为在网络中没有安装 WINS 服务器，所以可以不设置。单击"下一步"按钮。

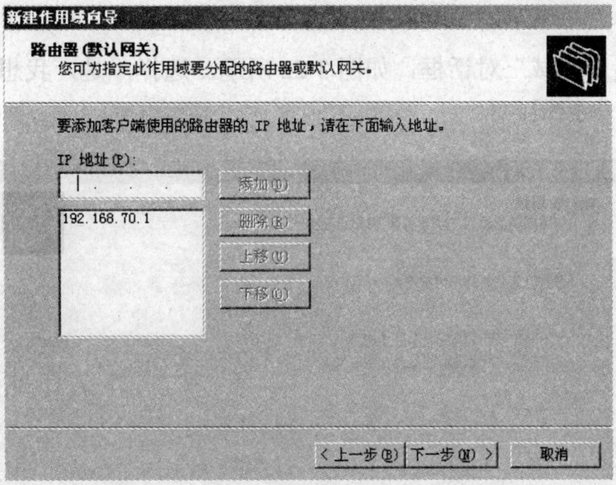

图 3-19 "路由器（默认网关）"对话框

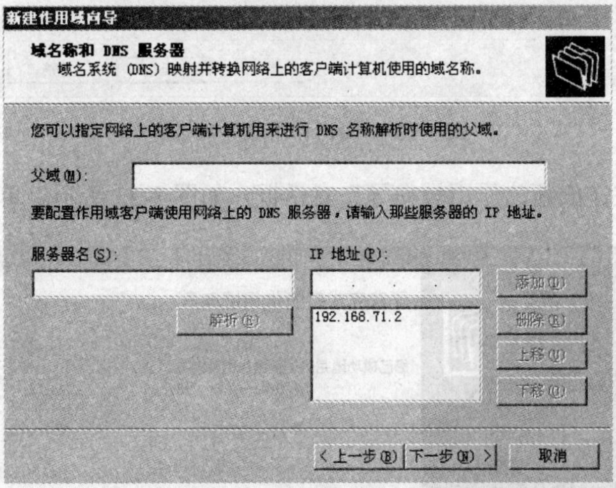

图 3-20 "域名称和 DNS 服务器"对话框

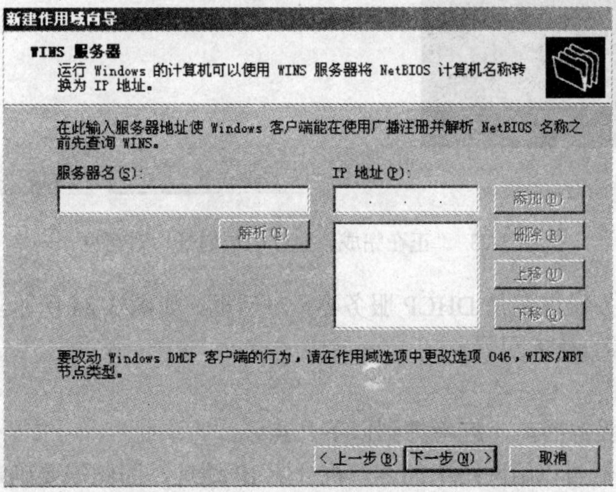

图 3-21 "WINS 服务器"对话框

59

2. 激活作用域

（1）弹出"激活作用域"对话框，如图 3-22 所示。选择"是，我想现在激活此作用域"选项，单击"下一步"按钮。

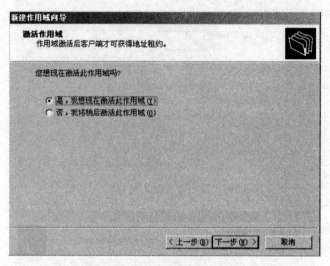

图 3-22 "激活作用域"对话框

（2）弹出"正在完成新建作用域向导"对话框，如图 3-23 所示。单击"完成"按钮。

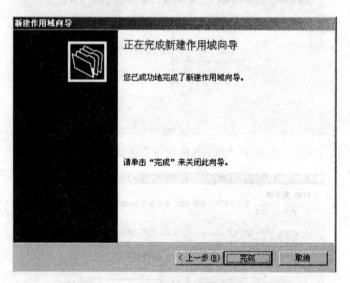

图 3-23 "正在完成新建作用域向导"对话框

（3）弹出"此服务器现在是 DHCP 服务器"对话框，如图 3-24 所示。单击"完成"按钮，完成对 DHCP 服务器的基本配置。

五、学习反思

1. 配置 DHCP 服务器前，应考虑到以下几点

（1）DHCP 服务器可以给网络中的客户机分配 IP 地址，因此需要确定 DHCP 服务器分发给客户机的 IP 地址范围及子网掩码。

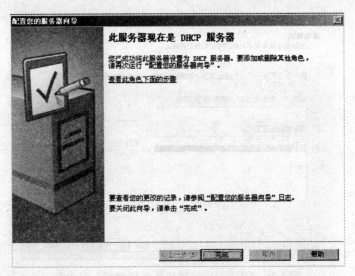

图 3-24　"此服务器现在是 DHCP 服务器"对话框

（2）若网络中的某些计算机（如服务器）需要使用固定 IP 地址并且这些 IP 地址处在欲为客户机分发的地址范围内时，应该排除这些 IP 地址，使得 DHCP 服务器不分配这些 IP 地址。

（3）通过设置租约期限值来确定 IP 地址的租约期限。

（4）通过设置 DHCP 选项来确定 DHCP 服务器是否为客户机分配默认网关、DNS 服务器、WINS 服务器的地址。

2. 关于设置"作用域名"

每个作用域都要有个名称，用于识别此作用域在网络中的作用。作用域的名称一定要有实际意义，如我们创建的这台 DHCP 服务器是为了给财务部的客户机分配 IP 地址，那么作用域可命名为 cwbDHCP，代表是财务部的 DHCP 服务器，这样就一目了然了。作用域的描述是对作用域更详细的说明。

3. 关于添加"IP 地址范围"

添加"IP 地址范围"时，要注意根据实际分配的 IP 地址范围来添加。由于一个作用域只能用于一个子网，因此这里输入的是同一网段的连续的 IP 地址。输入起始 IP 地址后，子网掩码长度与数值会自动匹配，不必手动输入。当然也可以自己指定子网掩码，这就得在"IP 地址范围"对话框中手动修改"长度"列表框中的数值和"子网掩码"文本框中的数值。

4. 关于"排除 IP 地址"

排除的 IP 地址包括局域网中使用的各类服务器的 IP 地址，这些 IP 地址将不被 DHCP 服务器分配。设定排除 IP 地址范围时，要根据网络的实际情况来定。此任务中，我们没有排除 IP 地址，是因为财务部没有其他的服务器。若需要排除 IP 地址，则排除的 IP 地址可以是连续地址，也可以是多个单地址。比如，若排除一段连续的 IP 地址为 192.168.70.30～192.168.70.40，则需分别在"起始 IP 地址"和"结束 IP 地址"输入框中输入 192.168.70.30和 192.168.70.40，单击"添加"按钮；若排除一个 IP 地址为 192.168.70.45，则在"起始 IP 地址"框中输入 192.168.70.45，单击"添加"按钮，如图 3-25 所示。

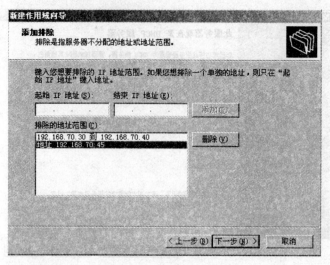

图 3-25 "添加排除连续和单个 IP 地址"对话框

5. 关于设置"租约期限"

设置 DHCP 服务器的"租约期限"值时，默认为 8 天，也就是说，客户机获得的 IP 配置信息只能使用 8 天。使用期限一到，必须重新向 DHCP 服务器申请 IP 配置信息（客户机与 DHCP 服务器间的"交流"过程，请见本单元任务四中"知识拓展"部分的相关内容）。也可以修改"租约期限"值，修改时要注意以下几点。

（1）如果客户机是台式机，需要长时间使用一个 IP 地址，则可以把租约期限设置长一些。

（2）对于临时用户使用的客户机来说，因为使用时间短，一般不会超过 1 天，因此可以把租约期限设为 1 天。

（3）如果在网络中有大量可用的 IP 地址，则增加租约期限以便减少客户端与 DHCP 服务器之间的租约续订频率，进而减小相应的数据流量，提高网络的传输效率。

（4）如果网络上可用的 IP 地址数量有限，则需要减少租约期限以便 DHCP 服务器能分配 IP 地址给其他客户端，实现用时间换资源。

本任务中，财务部可使用的 IP 地址数量充足，因此不用修改租约期限值，使用默认值 8 天即可。当然考虑到财务部的客户机都是台式机，需要长时间使用一个 IP 地址，所以也可以增加租约期限值，实现过程参见本任务知识拓展。

6. 关于"配置 DHCP 选项"

配置 DHCP 选项，是为了使 DHCP 服务器将默认网关地址、DNS 服务器地址和 WINS 服务器地址信息分配给客户机。本任务中，财务部的默认网关地址为 192.168.70.1，它是财务部网络在路由器上的网关地址。公司中有一台 DNS 服务器，因此需要配置 DNS 服务器地址为 192.168.71.2，而公司中没有 WINS 服务器，也就不用配置 WINS 服务器的地址了。但要注意：① 在实际工作中一定要根据网络的实际情况来配置这三项；② 财务部的局域网要想访问 DNS 服务器必须配置路由器调通网关。

7. 关于"激活作用域"

在定义并配置了作用域后，必须激活作用域才能让 DHCP 服务器开始为客户端提供服务。

六、知识拓展

1. DHCP 的优点

（1）安全而可靠的设置。DHCP 避免了因手工设置 IP 地址、子网掩码及其他网络信息时所产生的错误，同时也避免了把一个 IP 地址分配给多台客户机所造成的地址冲突。

（2）降低了管理和设置 IP 地址的负担。

客户机不需手工配置 IP 地址。使用 DHCP 服务器缩短了配置客户机 IP 地址所花费的时间，并且客户机在不同子网间移动时，旧的 IP 地址自动释放以便再次使用，再次启动客户机时，DHCP 服务器会自动为客户机重新配置 TCP/IP 参数信息。

（3）大部分路由器可以转发 DHCP 配置请求，因此，互联网的每个子网并不都需要 DHCP 服务器。

2. DHCP 数据库

用户定义了 DHCP 范围及排除范围后，剩余的地址构成了一个地址池，地址池中的地址可以动态地分配给网络中的客户机使用。

DHCP 数据库用来存储 DHCP 服务所需的各种原始配置信息，如用来分配的 IP 地址池、保留 IP 地址、租约期限等。但总体来说，对于 DHCP 服务器可存储的记录数量没有规定的限制。数据库的大小取决于网络上的 DHCP 客户端数量。随着客户端在网络上的启动和停机，DHCP 数据库将随着时间推移而不断增大。

为恢复可用的空间，DHCP 数据库会被压缩。动态数据库压缩会作为空闲时间内或数据库更新后的自动后台进程在 DHCP 服务器上执行。

3. 作用域的属性

（1）IP 地址范围，可在其中添加或排除 DHCP 服务用于租用的 IP 地址。

（2）子网掩码，用于确定给定 IP 地址的子网。

（3）作用域创建时指派的名称。

（4）租约期限，分配给客户端的 IP 地址的使用期限。

（5）DHCP 选项，包括默认网关、DNS 服务器地址、WINS 服务器地址。

4. DHCP 选项

默认网关：一个可直接到达的路由器的 IP 地址，用于将一个网段连接到其他网段。

DNS 服务器：使得客户端能以域名的形式访问网络。

WINS 服务器：使用 WINS 服务器可以存储并将 NetBIOS 名称转换成 IP 地址。

5. 超级作用域

超级作用域是一组作用域的集合，它用来实现同一个物理子网中包含多个逻辑 IP 子网，这种配置通常被称为"多网"。超级作用域的目的是为了有效利用网络 IP 地址资源。

6. 更新租约

DHCP 服务器向 DHCP 客户机出租的 IP 地址一般都有一个租约期限，期满后 DHCP 服务器便会收回出租的 IP 地址。如果 DHCP 客户机要延长其 IP 租约，则必须更新其 IP 租约。DHCP 客户机启动时和 IP 租约期限过一半时，DHCP 客户机都会自动向 DHCP 服务器发送更新其 IP 租约的信息（详细介绍请参见任务四知识拓展）。

7. DHCP 服务器分配 IP 地址的方式

1）手工分配

网络管理员在 DHCP 服务器上手动配置 DHCP 客户机的 IP 地址。当 DHCP 客户机要求网络服务时，DHCP 服务器把手工配置的 IP 地址分配给客户机。

2）自动分配

不进行手工配置 IP 地址的操作，当 DHCP 客户机第一次向 DHCP 服务器租用到 IP 地址后，这个地址就永久地分配给该客户机，而不会再分配给其他客户机。

3）动态分配

当 DHCP 客户机向 DHCP 服务器租用 IP 地址时，DHCP 服务器只暂时分配给客户机一个 IP 地址。只要租约到期，这个地址就会还给 DHCP 服务器，以供其他客户机使用。若客户机仍需要一个 IP 地址，则可以再要求另外一个 IP 地址。

动态分配 IP 地址的方法是唯一能自动重复使用 IP 地址的方法，它对于暂时连接到网上的 DHCP 客户机来说尤其方便，对于永久性与网络连接的新主机来说也是分配 IP 地址的好方法。客户机在不需要时会放弃 IP 地址，如关闭客户机时，会把 IP 地址释放给 DHCP 服务器，然后 DHCP 服务器就可以把该 IP 地址分配给其他 DHCP 客户机。因此，使用动态分配 IP 地址的方法可以解决 IP 地址不够用的问题，从而节约了 IP 地址资源。

8. 建立作用域的另一种方法

DHCP 控制台是管理 DHCP 服务器的主要工具，安装好 DHCP 服务后，还可以在 DHCP 控制台中建立作用域，方法如下。

（1）单击菜单"开始"→"程序"→"管理工具"→"DHCP"，或在"管理您的服务器"中单击"管理此 DHCP 服务器"链接，打开"DHCP 控制台"窗口，如图 3-26 所示。

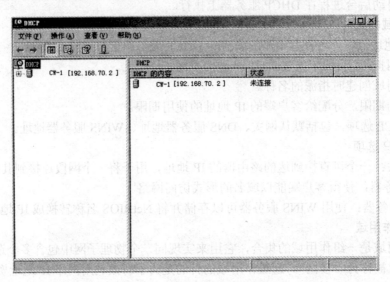

图 3-26　"DHCP 控制台"窗口

（2）在"DHCP 控制台"窗口左侧列表中，双击服务器名称 CW-1 [192.168.70.2]，右侧列表中出现"添加一个作用域"提示，如图 3-27 所示。

（3）在服务器名称上右击，选择"新建作用域"选项，如图 3-28 所示，即可打开"新建作用域向导"对话框。

（4）按照步骤建好作用域后，打开 DHCP 控制台窗口，双击服务器名称，可看到作用域为"活动"状态，如图 3-29 所示。

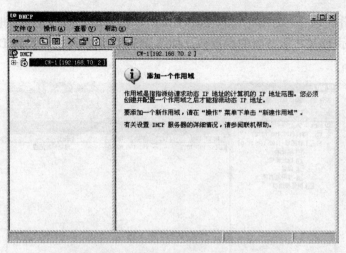

图 3-27 DHCP 控制台"添加一个作用域"窗口

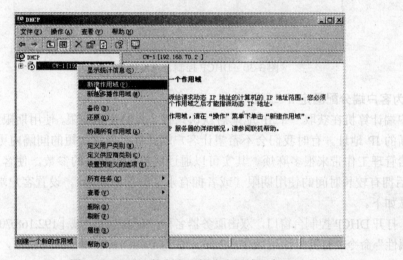

图 3-28 DHCP 控制台"新建作用域"窗口

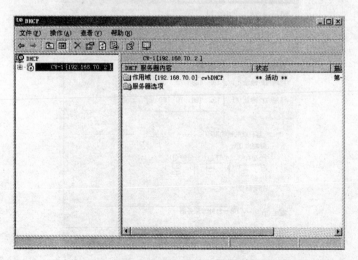

图 3-29 DHCP 控制台"作用域状态"窗口

（5）双击"作用域［192.168.70.0］cwbDHCP"，再单击左侧列表的"地址池"一项，会在右侧列表中显示 DHCP 服务器的地址池，如图 3-30 所示。我们可看到 DHCP 服务器分配的 IP 地址范围。

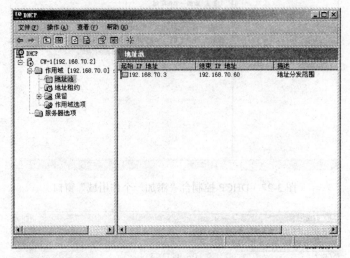

图 3-30　DHCP 控制台"地址池"窗口

9. 为客户端分配固定 IP 地址

客户端计算机在获取一个 IP 地址后默认只有 8 天的使用期限，使用期限过后需要重新申请一个新的 IP 地址。有时我们会不希望让客户端计算机在这么短的间隔内更换 IP 地址，因为这会给管理工作带来很多麻烦。其实可以通过修改租约期限的参数，使客户端在获取一个 IP 地址后拥有较长时间的使用期限（或者拥有永久的使用期限）。设置客户端使用永久 IP 地址的方法如下。

（1）打开 DHCP 控制台窗口，双击服务器名称，右击"作用域［192.168.70.0］cwbDHCP"，选择"属性"命令，打开"作用域［192.168.70.0］cwbDHCP 属性"对话框，如图 3-31 所示。

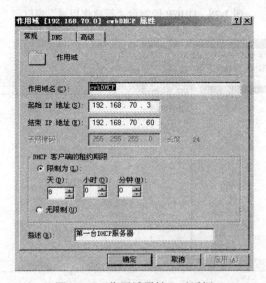

图 3-31　"作用域属性"对话框

（2）在"常规"选项卡中调整"限制为"区域的微调框，增大 IP 地址使用期限。如果准备让客户端计算机对所获取的 IP 地址拥有永久使用权，则只需选择"无限制"单选项，如图 3-32 所示。单击"确定"按钮。

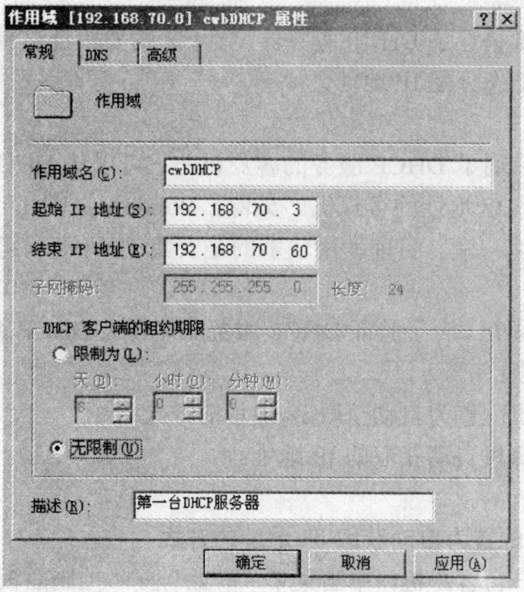

图 3-32 作用域属性"常规"选项卡对话框

10. 重建被损坏的 DHCP 服务器

若网络中只有一台 DHCP 服务器，那么当 DHCP 服务器发生故障时，客户机将不能获取 IP 地址等网络参数。为了避免这种情况的发生，可以事先将重要的配置信息进行备份，然后在出现意外重建被损坏的 DHCP 服务器时可以迅速恢复这些配置信息。实现步骤如下：打开"命令提示符"窗口，键入命令 Netsh dhcp server dump > dhcpbackup.txt，该命令可以将 DHCP 配置信息备份到"dhcpbackup.txt"文件中。一旦需要恢复配置信息，则只需键入如下命令进行恢复：Netsh exec dhcpbackup.txt。通过备份文件恢复配置信息后，除租约信息无法找回外，创建作用域时的大部分配置信息可以完全恢复。

七、能力评价

序号	评 价 内 容	评 价 结 果			
		优秀	良好	通过	加油
		能灵活运用	能掌握 80% 以上	能掌握 60% 以上	其他
1	能说出 DHCP 的优点				
2	能按照步骤配置 DHCP 服务器				
3	能根据本项目的实际要求自己动手配置 DHCP 服务器				

任务四 验证 DHCP 服务器的可用性

一、任务描述

夏侯仲秋已为财务部搭建了 DHCP 服务器，接下来需要验证这台 DHCP 服务器能否为财务部员工使用的客户机动态分配 IP 地址。

二、知识准备

DHCP 客户端是指启用了 DHCP 服务的客户机，它可以从 DHCP 服务器自动获取 IP 地址，不包括已经指定静态 IP 地址的客户机。安装了 Windows、UNIX、Linux 等操作系统的计算机都可以作为 DHCP 客户端。目前使用较多的是安装了 Windows XP 操作系统的客户端。

三、任务分析

配置好 DHCP 服务器后，为了验证 DHCP 服务器能否为 DHCP 客户端动态分配 IP 地址，可以通过以下两步来实现：

（1）将客户端计算机配置为自动获取 IP 地址的方式；

（2）查看客户端计算机自动获取的 IP 地址。

四、任务实现

1. 将客户端计算机配置为自动获取 IP 地址的方式

（1）打开财务部的一台客户机，单击菜单"开始"→"控制面板"→"网络连接"，双击"本地连接"图标，打开"本地连接状态"对话框，如图 3-33 所示。单击"属性"按钮。

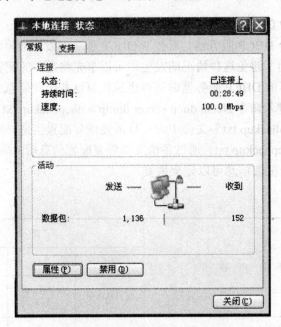

图 3-33 "本地连接状态"对话框

（2）弹出"本地属性"对话框，双击"此连接使用下列项目"列表中的"Internet 协议（TCP/IP）"选项，弹出"Internet 协议（TCP/IP）属性"对话框，如图 3-34 所示。选择"自动获得 IP 地址"和"自动获得 DNS 服务器地址"两个选项，单击"确定"按钮。

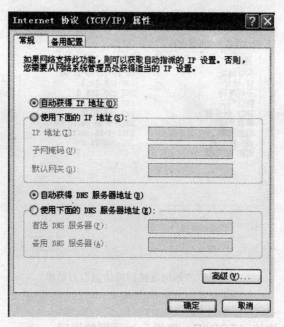

图 3-34　"Internet 协议（TCP/IP）属性"对话框

2. 查看客户端计算机自动获取的 IP 地址

（1）再次打开"本地连接状态"对话框，单击"支持"选项卡，如图 3-35 所示。该窗口显示了 DHCP 客户端从 DHCP 服务器获得的网络信息。

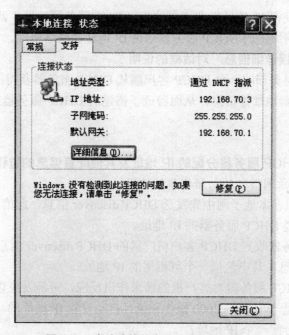

图 3-35　本地连接状态"支持"选项卡

（2）如果要查看更完整的信息，单击"详细信息"按钮，弹出"网络连接详细信息"对话框，如图 3-36 所示。

图 3-36 "网络连接详细信息"对话框

五、学习反思

1. 关于"Internet 协议（TCP/IP）属性"对话框的说明

（1）打开这个对话框也可以使用下列方法：

右击桌面上的"网上邻居"图标，选择"属性"命令，在打开的"网络连接"窗口中右键单击"本地连接"图标并执行"属性"命令，打开"本地连接属性"对话框。接着双击"Internet 协议（TCP/IP）"选项即可。

（2）选择"自动获得 IP 地址"和"自动获得 DNS 服务器地址"两个选项，是为了使客户端在启动时自动向网络中的 DHCP 服务器申请 IP 地址等网络属性。

2. 关于"网络连接详细信息"对话框的说明

该对话框显示了财务部的一台 DHCP 客户端从 DHCP 服务器获得的 IP 地址、子网掩码、默认网关、DNS 服务器地址等信息，从而验证了搭建的 DHCP 服务器能为客户端分配 IP 地址等网络信息。

六、知识拓展

1. 客户机获得 DHCP 服务器分配的 IP 地址及其他配置信息的过程

1）第一次启动登录网络时的初始化租约过程

（1）DHCP 客户机在本地子网中先发送 DHCP discover 信息，此信息以广播的形式发送，因为客户机现在不知道 DHCP 服务器的 IP 地址。

（2）在 DHCP 服务器收到 DHCP 客户机广播的 DHCP discover 信息后，它向 DHCP 客户机发送 DHCP offer 信息，其中包括一个可租用的 IP 地址。

（3）如果没有 DHCP 服务器对客户机的请求作出反应，可能发生以下两种情况：

如果客户使用的是 Windows 2000 操作系统且自动设置 IP 地址的功能处于激活状态，那么客户机自动给自己分配一个 IP 地址；

如果使用其他的操作系统或自动设置 IP 地址的功能被禁止，则客户机无法获得 IP 地址，初始化失败，但客户机在后台每隔 5 分钟发送四次 DHCP discover 信息直到它收到 DHCPoffer 信息。

（4）一旦客户机收到 DHCP offer 信息，它发送 DHCP request 信息到服务器表示它将使用服务器所提供的 IP 地址。

（5）DHCP 服务器在收到 DHCP request 信息后，即发送 DHCP positive 确认信息，以确定此租约成立，且此信息中还包含其他 DHCP 选项信息。

（6）客户机收到确认信息后，利用其中的信息配制其 TCP/IP 属性并加入网络中。

（7）当客户机请求的是一个无效的或重复的 IP 地址，则 DHCP 服务器在第 5 步发送 DHCP negative 确认信息，客户机收到 DHCP negative 确认信息初始化失败。

2）DHCP 客户端更新租约的过程

在客户机重新启动或租期达到 50% 时，客户机需要更新租约。

（1）客户机直接向提供租约的 DHCP 服务器发送请求，要求更新及延长现有地址的租约。

（2）如果 DHCP 服务器收到请求，它发送 DHCP 确认信息给客户机，更新客户机的租约。

（3）如果客户机无法与提供租约的服务器取得联系，则客户机一直等到租期达到 87.5% 时，客户机进入到一种重新申请的状态，它向网络上所有的 DHCP 服务器广播 DHCP discover 请求以更新现有的地址租约。

（4）如有服务器响应客户机的请求，那么客户机使用该服务器提供的地址信息更新现有的租约。

（5）如果租约过期或无法与其他服务器通信，客户机将无法使用现有的地址租约。

（6）客户机返回到初始启动状态，利用前面所述的步骤重新获取 IP 地址租约。

2. 客户机无法获得 IP 地址

如果 DHCP 客户机无法获得 IP 地址，通常表明该客户机未能与 DHCP 服务器取得联系。这可能是因为网络问题，也可能是因为 DHCP 服务器不可用。如果 DHCP 服务器已经启动，其他客户机已经能够获得有效地址，请验证该客户机的网络连接是否有效，所有相关的客户机硬件设备（包括电缆和网络适配器）是否运行正常。

七、能力评价

序号	评 价 内 容	评 价 结 果			
		优秀	良好	通过	加油
		能灵活运用	能掌握 80% 以上	能掌握 60% 以上	其他
1	能说出什么是 DHCP 客户端				
2	能按照步骤验证 DHCP 服务器的可用性				
3	能根据本项目的实际要求自己动手验证 DHCP 服务器的可用性				

单 元 小 结

考虑到财务部数据的安全性以及电脑数量较多，在财务部局域网内搭建一台 DHCP 服务器，实现为财务部客户机动态分配 IP 地址。

要搭建 DHCP 服务器，首先要在一台计算机上安装 DHCP 服务，但要注意这台计算机必须要安装了网络操作系统，并且设置了静态 IP 地址、子网掩码、默认网关信息。

　　其次是将安装了 DHCP 服务的计算机配置为 DHCP 服务器，主要包括添加和排除 IP 地址，设置租约期限、默认网关和 DNS 服务器地址。要强调的是租约期限值要设置适当，可根据客户机的使用时间、频率和可用的 IP 地址数量来设定；默认网关和 DNS 服务器地址要根据网络的实际情况来定。

　　最后是通过设置客户端自动获得 IP 地址来验证 DHCP 服务器的可用性。这一步看似简单，却是必不可少和至关重要的，它能检验 DHCP 服务器能否为客户机动态地分配 IP 地址。

搭建域控制器

任务一　项目说明及方案讨论

一、项目描述

方案要求用域来管理网络，因此需要搭建一台域控制器，实现对公司的用户和计算机的集中管理。

二、知识准备

1. 域

域（Domain）是 Windows Server 2003 网络环境中活动目录数据库的基本管理单位，是由管理员定义的计算机、用户和组对象的集合。这些对象共享公共目录数据库信息、安全策略以及与各个域之间的安全关系。

2. 域控制器

域控制器（DC）是存储活动目录的服务器，活动目录存储着网络上各种对象的有关信息，如用户、组、计算机、共享资源、打印机和联系人等，并使该信息便于管理员和用户查找及使用。域控制器存储着目录数据并管理用户和域间的交互关系，其中包括用户登录过程、身份验证和目录搜索。一个域可有一个或多个域控制器。

3. 组织单位

组织单位是可将用户、组、计算机等资源放入活动目录的容器，主要作用是将整个活动目录中的资源信息进行有组织的分层管理。

4. 组策略

在域中应用组策略可以对一组用户和计算机统一进行设置。

三、方案描述

公司的员工和计算机数量较多，为了便于网管集中管理公司的用户和计算机，提高用户使用计算机及访问网络中共享资源的安全性，需要搭建一台域控制器，负责每一台联入网的计算机和用户的验证工作，确保只有在域内的合法用户才能访问网络资源。

夏侯仲秋决定采用以下方案来完成域控制器的搭建。

1. 安装活动目录

在网管中心的 DNS 服务器上安装活动目录，使其升级为一台域控制器。主要包括设置该域控制器为新域的域控制器，IP 地址为 192.168.71.2，域名为 lyjmfs.com，还原模式密码（域管理员密码）为 ab123.com。

2. 使用计算机登录域

（1）创建组织单位：销售部、财务部、人事部、设计部、生产部、网管中心。

（2）创建域用户：姓：王；名：天明；用户登录名：wtm001；初始密码：cd123.com，要求用户下次登录时须更改密码。

（3）将计算机加入域

要加入域的计算机名称为 xiaoshou-1，加入域的域名为 lyjmfs.com，有权限将计算机加入域的用户名为 Administrator，密码为 ab123.com。

（4）登录域

用户名为 wtm001，初始密码为 cd123.com，修改后的新密码为 ef123.com，登录到：LYJMFS。

3. 使用组策略管理域用户（以为销售部的用户应用组策略为例）

（1）创建组策略。为销售部创建一条组策略，组策略名称：销售部用户组策略；编辑组策略：禁止访问控制面板。

（2）查看应用组策略后的结果。

四、分组讨论

根据以上方案，请思考以下问题：

1. 什么是域？

2. 活动目录中存储着哪些信息？

3. 什么是域控制器？域控制器中存储着什么信息？

4. 搭建域控制器，首先要安装什么？

5. 安装活动目录的服务器是公司的哪台服务器？具体说说安装活动目录时主要需要设置哪些信息。

6. 为了在本公司中使用域管理计算机，需要创建哪几个组织单位？具体说说创建域用户时需要设置哪些信息？将计算机加入域时需要设置哪些信息？登录域时需要输入哪些信息？

7. 在域中应用组策略有什么作用？

8. 在销售部的组策略中包含了哪些信息？

五、学习反思

1. 工作组与域的区别

"工作组"与"域"是管理网络的两种方式，其区别如下。

（1）"工作组"是一种分散的管理模式，每台计算机都是独立自主的，用户账户和权限信息保存在本机中，共享信息的权限设置由每台计算机控制。计算机之间是平等的，没有主次之分。而"域"实现的是客户机/服务器的管理模式，通过一台域控制器来集中存储和管理域内的计算机和用户信息，共享信息分散在每台计算机中，但访问权限由域控制器统一管理。

（2）工作组可以由任何一台计算机的管理员来创建，而域只能由服务器来创建，其他计算机只能加入域。

（3）工作组只是进行本地计算机的用户账号和密码的验证，而域是使用域控制器来负责每一台联网的计算机和用户的身份验证。

（4）工作组模式下登录时使用的是本地用户账号和密码，而域模式下登录域时使用的是域用户账号和密码。

形象地说，域好比"中央控制地方"，而工作组好比地方"各自为政"。在本项目中，由于灵岩佳美服饰有限公司规模较大，使用域来管理网络将比使用工作组更加合适。

2. 域控制器

要想用域的模式来管理网络，首先要建立域的"核心"，即域控制器，它就相当于人的"大脑"。域控制器可以集中存储和管理网络中的用户、计算机、组、共享资源等信息，并且这种管理是一种高效和安全的管理。由于以上信息是以活动目录的形式存储的，所以搭建域控制器的首要任务就是安装活动目录。

安装好活动目录后，网络中就有了第一台域控制器，那么接下来如何发挥其强大作用呢？那就是要求用户使用计算机登录域，而不是像工作组那样登录到本地计算机。要想让用户登录域，必须在域控制器中创建域用户账户和将计算机加入域。在本项目中，我们并没有首先创建域用户，而是按公司的部门划分先创建组织单位，再在相应的组织单位中创建域用户，使得域用户局部于特定的组织单位，这其实就体现了管理的思想。用户在登录域时，用户和计算机的身份是通过域控制器来进行验证的，它就好比是一个"门卫"，因此安全性会更高。

域控制器的"控制"功能之一就是使用组策略来管理，使用域的组策略可以对域中的用户和计算机进行统一设置，以达到集中控制和提高用户使用计算机的安全性的目的。

六、能力评价

序号	评 价 内 容	评 价 结 果			
		优秀	良好	通过	加油
		能灵活运用	能掌握80%以上	能掌握60%以上	其他
1	能说出域的概念				
2	能说出域控制器的概念				
3	能说出安装活动目录时主要设置的信息				
4	能说出为了使计算机能够登录域需要设置的信息				
5	能说出使用组策略的作用				

任务二　安装活动目录

一、任务描述

为了搭建域控制器，用来集中管理公司的网络，夏侯仲秋需要先在网管中心的 DNS 服务器上安装活动目录，使其升级为域控制器。

二、知识准备

1. 活动目录简介

活动目录（Active Directory）简称 AD，是面向 Windows Standard Server、Windows Enterprise Server 以及 Windows Datacenter Server 的目录服务。它存储着网络上各种对象的有关信息，如用户、组、计算机、共享资源、打印机和联系人等，并使该信息易于管理员和用户查找及使用。Active Directory 目录服务使用结构化的数据存储作为目录信息的逻辑层次结构的基础。

2. 域树与域林

多个域组成域树。多个域树组成一个域林。

3. 安装活动目录的前提条件

（1）操作系统不能是 Windows Server 2003/2008 的 Web 版。

（2）因为活动目录必须安装在 NTFS 分区上，因此本地磁盘至少有一个分区是 NTFS 文件系统，用于存放 SYSVOL 文件夹。

（3）正确配置 TCP/IP 参数（IP 地址、子网掩码、首选 DNS 服务器等），最好使用固定的 IP 地址而不是动态获取的 IP 地址。

（4）拟定一个合法的域名，为了解析这个域名，必须要有相应的 DNS 服务器支持，如果系统在安装活动目录时发现没有配置 DNS 服务器，则自动会将域控制器计算机配置为 DNS 服务器。

（5）安装者必须有管理员权限。

（6）要有足够的磁盘空间。

三、任务分析

安装活动目录，需要通过以下两步来实现。

1. 检查安装活动目录的计算机是否满足安装活动目录的前提条件

（1）使用管理员用户账户登录 DNS 服务器。

（2）配置该服务器的 TCP/IP 信息，主要设置该计算机的 IP 地址为 192.168.71.2，子网掩码为 255.255.255.0，首选 DNS 服务器为 192.168.71.2。

2. 使用 "Active Directory 安装向导" 安装活动目录

设置为新域的域控制器，域名为 lyjmfs.com，还原模式密码（域管理员密码）为 ab123.com。

四、任务实现

1. 检查安装活动目录的计算机是否满足安装活动目录的前提条件

（1）使用管理员用户账户登录 DNS 服务器。管理员用户名为 Administrator，密码为 xh@.zq。

（2）由于是在网管中心的 DNS 服务器上安装活动目录，而该服务器目前的状态满足安装活动目录的前提条件，并且该服务器的 IP 地址已设置为 192.168.71.2，子网掩码为 255.255.255.0，首选 DNS 服务器为 192.168.71.2，如图 4-1 所示，因此在这里就不用设置了。

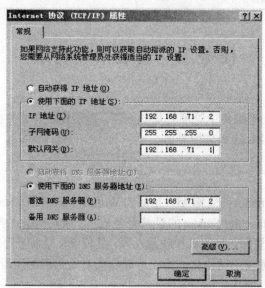

图 4-1　DNS 服务器 "Internet 协议（TCP/IP）属性" 对话框

2. 使用"Active Directory 安装向导"安装活动目录

安装活动目录的方法有两种：一种是使用"管理您的服务器向导"；另一种是使用命令行。第一种方法我们在安装 DHCP 服务器时已经用过，因此不再介绍了。在此，我们使用第二种方法来安装。安装步骤如下。

（1）单击菜单"开始"→"运行"，打开"运行"对话框，输入"dcpromo"，如图 4-2 所示。单击"确定"按钮。

图 4-2　"运行"对话框

（2）弹出"Active Directory 安装向导"对话框，如图 4-3 所示，单击"下一步"按钮。

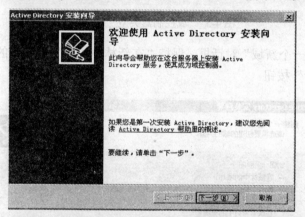

图 4-3　"欢迎使用 Active Directory 安装向导"对话框

（3）弹出"操作系统兼容性"对话框，如图 4-4 所示。因为客户端使用的是 Windows XP 操作系统，因此直接单击"下一步"按钮。

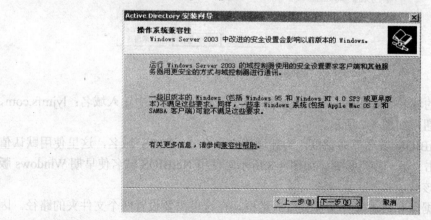

图 4-4　"操作系统兼容性"对话框

（4）弹出"域控制器类型"对话框，因为我们要新建一个域，因此保持"新域的域控制器"单选项的选中状态，如图 4-5 所示。单击"下一步"按钮。

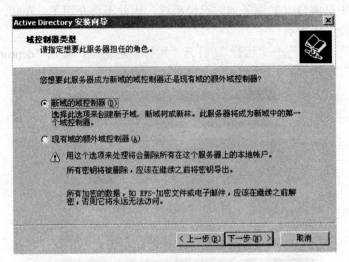

图 4-5 "域控制器类型"对话框

（5）弹出"创建一个新域"对话框，保持"在新林中的域"单选项的选中状态，如图 4-6 所示，单击"下一步"按钮。

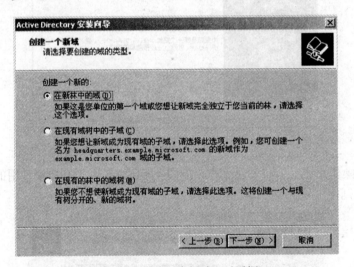

图 4-6 "创建一个新域"对话框

（6）弹出"新的域名"对话框，在"新域的 DNS 全名"编辑框中输入域名：lyjmfs.com，单击"下一步"按钮，如图 4-7 所示。

（7）弹出"NetBIOS 域名"对话框，为新域指定一个 NetBIOS 域名，这里使用默认值 LYJMFS 即可，单击"下一步"按钮，如图 4-8 所示。使用 NetBIOS 域名使早期 Windows 版本的用户可以识别该域。

（8）弹出"数据库和日志文件文件夹"对话框，在这里需要设置两个文件夹的路径。因为使用了单硬盘系统，因此保持了默认的路径，单击"下一步"按钮，如图 4-9 所示。

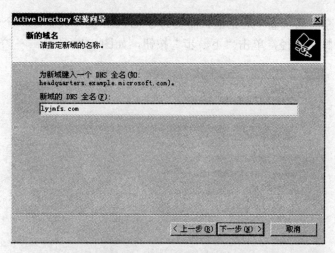

图 4-7　"新的域名"对话框

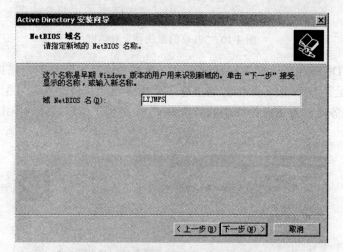

图 4-8　"NetBIOS 域名"对话框

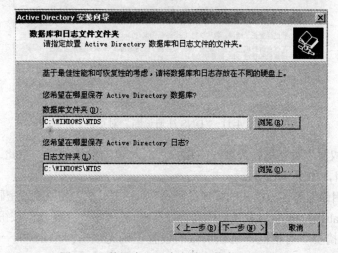

图 4-9　"数据库和日志文件文件夹"对话框

（9）弹出"共享的系统卷"对话框，需要为 SYSVOL 文件夹指定一个 NTFS 格式的分区路径。在此保持了默认路径，单击"下一步"按钮，如图 4-10 所示。

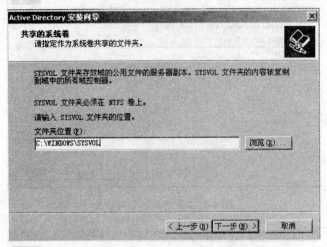

图 4-10　"共享的系统卷"对话框

（10）弹出"DNS 注册诊断"对话框，可以看到"诊断失败"的出错提示。这是因为这台服务器未正确配置 DNS 服务，因此这里选中"在这台计算机上安装并配置 DNS 服务器，并将这台 DNS 服务器设为这台计算机的首选 DNS 服务器"单选按钮。单击"下一步"按钮，如图 4-11 所示。

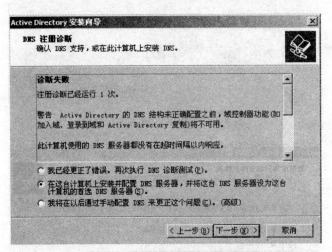

图 4-11　"DNS 注册诊断"对话框

（11）弹出"权限"对话框，需要设定用户和组对象的默认权限。在此选择默认选项，单击"下一步"按钮，如图 4-12 所示。

（12）弹出"目录服务还原模式的管理员密码"对话框，在"还原模式密码"和"确认密码"文本框中都输入：ab123.com，设置还原模式管理员密码。单击"下一步"按钮，如图 4-13 所示。

（13）弹出"摘要"对话框，确认所做的设置正确无误后，单击"下一步"按钮，如图 4-14 所示。

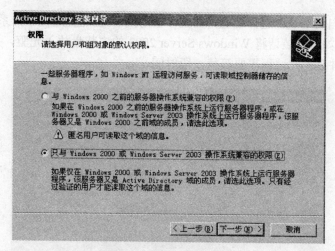

图 4-12　"权限"对话框

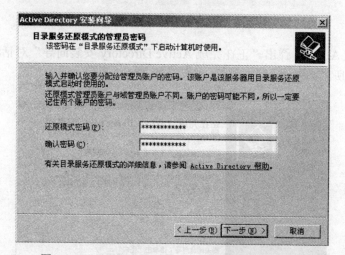

图 4-13　"目录服务还原模式的管理员密码"对话框

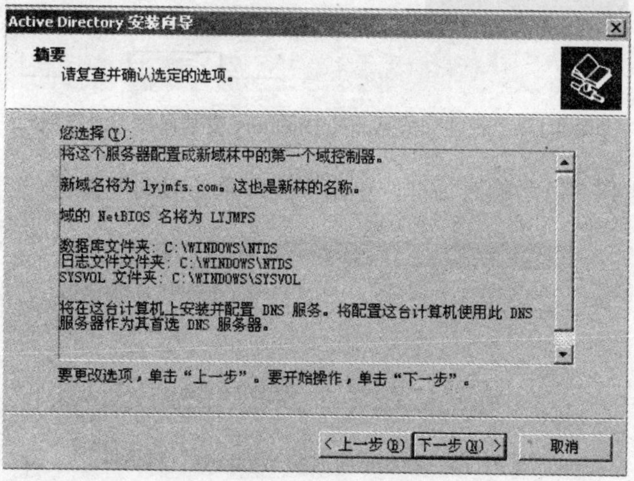

图 4-14　"摘要"对话框

（14）系统将自动对 AD 进行配置，如图 4-15 所示。在配置过程中，系统将检测 DNS 组件是否已经安装，如未安装请将 Windows Server 2003 的安装盘放入光驱，并将安装路径定位到光盘的 I386 文件夹。此过程需要等待一段时间。

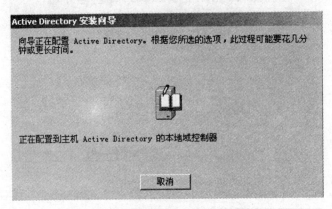

图 4-15 "正在配置活动目录"对话框

（15）配置完 AD 后，弹出"正在完成 Active Directory 安装向导"对话框，单击"完成"按钮，如图 4-16 所示。

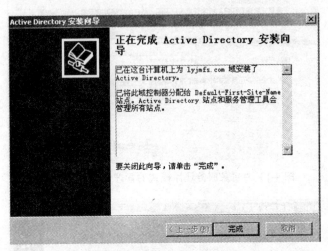

图 4-16 "正在完成 Active Directory 安装向导"对话框

（16）弹出如图 4-17 所示的对话框，单击"立即重新启动"按钮。

图 4-17 "必须重新启动 Windows"对话框

（17）重新启动计算机后，在"登录到 Windows"对话框中，输入用户名为 Administrator，密码为之前创建的还原模式管理员密码：ab123.com，在"登录到"下拉列表中选择当前计算机默认加入的域：LYJMFS，如图 4-18 所示。单击"确定"按钮，将由本地域控制器进行身份验证后登录系统。

图 4-18　"登录到 windows"对话框

到此，活动目录的安装就完成了，这台计算机就成为了网络中的第一台域控制器。

五、学习反思

1. 关于安装活动目录

域控制器是安装了活动目录的服务器，因此公司要搭建域控制器，首先要在服务器上安装活动目录，当然该服务器必须满足安装活动目录的前提条件，尤其是要设置好该服务器的"首选 DNS 服务器"地址，该地址所指向的 DNS 服务器必需能正确解析出域控制器的 IP 地址，以便于计算机能加入域（参见任务三）。在安装活动目录的过程中，主要需要设置好以下信息。

（1）域控制器类型，确定是新域的第一台域控制器还是额外域控制器（见知识拓展中关于"额外域控制器"的介绍）。

（2）域名，该名称必须符合 DNS 标准。

（3）DNS 注册诊断，确保正确安装 DNS 服务。

（4）还原模式密码（域管理员密码），使得域管理员能使用该密码进入还原模式或登录域。

2. 可以省略的步骤

如果服务器开着且没有锁定，登录服务器那步就可以省略。

3. 关于安装活动目录前的 TCP/IP 信息配置

为了正确解析到域控制器的 IP 地址，必须正确配置安装活动目录的计算机的"首选 DNS 服务器"。若网络中已有 DNS 服务器，如果和域控制器不是一台计算机，则在安装活动目录前，需将域控制器计算机的"首选 DNS 服务器"设为这台 DNS 服务器的 IP 地址，否则，就不用设置。若网络里没有 DNS 服务器，那么"首选 DNS 服务器"就可以填写域控制器计算机自己的 IP 地址，等在安装活动目录时把 DNS 服务也一起装上，使自己既是域控制器（DC），也是 DNS 服务器。在这个任务中，我们将 DNS 服务器升级成为了一台域控制器，可以不用配置 TCP/IP 信息，因该域控制器的 IP 地址是 192.168.71.2，"首选 DNS 服务器"为 192.168.71.2。

4. 关于"域控制器类型"的选择

因为要为公司创建新域中的第一台域控制器，因此在"域控制器类型"对话框中选择"新域的域控制器"选项。当为该域安装额外域控制器（见知识拓展中关于"额外域控制器"的介绍）时可选择"现有域的额外域控制器"选项。

5. 关于"创建域的类型"的选择

在"创建一个新域"对话框里有三个选项，"在新林中的域"是指如果原来的网络中没有域，这是网络中的第一个域，就选该项。"现有域树中的子域"是指网络中已经有一棵域树，而现在想建立一个现有域的子域（如一个公司要开设分公司或分支机构），就选该项。"现有林中的域树"是指建立一个新的域树（比如一个集团新成立了一家公司）。在创建第一个域时会同时创建一个同名的域林。因为灵岩佳美服饰有限公司的网络中没有域，因此在这里选择"在新林中的域"一项。

6. 关于域名的输入

在"新的域名"框里输入域的名称，这个名称要使用 DNS 标准。因为我们之前已搭建好 DNS 服务器，因此在这里就使用相同的域名，即输入 lyjmfs.com。

7. 关于保存活动目录数据库、日志和 SYSVOL 文件夹

一般情况下最好选择独立的分区来存储数据库和日志，可以将它们存在相同的盘上，也可存在不同的盘上。SYSVOL 文件夹存放域公共文件夹的服务器副本，当该域中存在不止一台域控制器时，该文件夹中的内容将被自动复制到域中所有域控制器中。存放 SYSVOL 系统卷时要注意必须放在 NTFS 文件系统里。

8. 关于"DNS 注册诊断"的设置

选中"在这台计算机上安装并配置 DNS 服务器，并将这台 DNS 服务器设为这台计算机的首选 DNS 服务器"一项，是为了将新创建域的 DNS 地址解析加入 DNS 数据库。如果域控制器的域名与域控制器的 IP 地址的对应关系不正确，则客户端计算机将因 DNS 不能正确由域名解析出域控制器的 IP 地址而不能成功加入域。

9. 关于"权限"的设置

这里主要设置的是林功能级别。设置林功能级别和域功能级别的作用是为了兼容旧版本的操作系统，因为新版本的操作系统功能要高。假如在域里有旧版本的域控制器，那么为了让新、旧版本的系统能一起工作，必须设置合适的域功能级别。在这里，我们的域控制器安装的是 Windows Server 2003 操作系统，因此我们选择"只与 Windows 2000 或 Windows Server 2003 操作系统兼容的权限"一项。

10. 关于"还原模式密码"的设置

还原模式是指当域控制器出现故障而需要备份来还原活动目录数据时使用的一种模式。启动操作系统时按 F8 键可进入还原模式，这时可以使用这里设置的密码。该密码要符合安全策略，否则系统会报错。如密码要使用大、小写字母，数字和其他字符中的任意三种来组合，且密码长度最少 8 位。

11. 等待安装 AD 的过程中

在此过程中，不用跳过 DNS 安装，以确保正确配置 DNS。

12. 关于"登录到 Windows"对话框

当安装好活动目录后，重启计算机会出现"登录到 Windows"对话框，在"用户名"和"密码"文本框中必须输入域管理员的用户名和密码，我们输入的用户名是：Administrator，密码是在"目录服务还原模式的管理员密码"窗口中设置的密码：ab123.com。在"登录到"

列表中只有域名：LYJMFS，也就是说在域控制器中登录时只能登录到域，而不能登录到本地计算机，所以此时本地用户密码 xh@.zq 已不能起作用。

13. 关于服务器的开关机时间

安装了活动目录后，因为要配置许多信息，因此服务器的开关机时间会变长。

六、知识拓展

1. 活动目录的由来

谈到活动目录最使人容易想起的就是 DOS 下的"目录"、"路径"和 Windows 9X/ME 下的"文件夹"。那个时候的"目录"或"文件夹"仅代表一个文件存在磁盘上的位置和层次关系，一个文件生成之后，相对来说这个文件的所在目录也就固定了（当然可以删除、转移等，现在不考虑这些），即它的属性也就相对固定了，是静态的。这个目录所能代表的仅是这个目录下所有文件的存放位置和所有文件总的大小，并不能得出其他有关信息，这样就影响到了整体使用目录的效率，也就是影响了系统的整体效率，使系统的整个管理变得复杂。因为没有相互关联，所以在不同应用程序中同一对象要进行多次配置，管理起来相当繁锁，影响了系统资源的使用效率。为了改变这种效率低下的关系和加强与 Internet 上有关协议的关联，Microsoft 公司决定在 Windows 2000 中全面改革，也就是引入活动目录的概念。理解活动目录的关键就在于"活动"两个字，千万不要将"活动"两个字去掉而仅仅从"目录"两个字去理解，那样一定不能脱离原来在 DOS 下的目录或 Windows 9x 下的文件夹概念的束缚。正因为这个目录是活动的，是动态的，它是一种包含服务功能的目录，它可以做到"由此及彼"的联想、映射。如找到了一个用户名，就可联想到它的账号、出生信息、E-mail、电话等所有基本信息，虽然组成这些信息的文件可能不在一块。同时不同应用程序之间还可以对这些信息进行共享，减少了系统开发资源的浪费，提高了系统资源的利用效率。

活动目录包括两个方面：目录和与目录相关的服务。目录是存储各种对象的一个物理上的容器，从静态的角度来理解活动目录与我们以前所结识的"目录"和"文件夹"没有本质区别，仅仅是一个对象，是一个实体；而目录服务是使目录中所有信息和资源发挥作用的服务。活动目录是一个分布式的目录服务，信息可以分散在多台不同的计算机上，保证用户能够快速访问，不管用户从何处访问或信息处在何处，都对用户提供统一的视图。

2. 活动目录的组成与逻辑结构

活动目录的层次结构由域、域树、域林和组织单位构成。该层次结构使网络容易扩展，数据容易组织、管理。

1）域

域是计算机网络中的一个逻辑单位，是网络系统的安全性边界。我们知道一个计算机网络最基本的单元就是"域"，活动目录可以贯穿一个或多个域。在独立的计算机上，域即指计算机本身。一个域可以分布在多个物理位置上，同时一个物理位置又可以划分不同网段为不同的域，每个域都有自己的安全策略以及它与其他域的信任关系。当多个域通过信任关系连接起来之后，活动目录可以被多个信任域共享。

域分为根域和子域，在根域的基础上创建的域称为根域的子域。在 Windows Server 2003 中创建的第一个域称为根域，是域树中所有其他域的根域。

2）域树

域树：域树由多个域组成，这些域共享同一表结构和配置，形成一个连续的名字空间。

树中的域通过信任关系连接起来，活动目录包含一个或多个域树。域树中的域层次越深级别越低，一个"."代表一个层次，如域 pjy.jy.com 就比 jy.com 这个域级别低，因为它有两个层次关系，而 jy.com 只有一个层次。域树的构成如图 4-19 所示。域名为 jy.com 的是这个域树的根域，下面的两个域 pjy.jy.com 和 zjy.jy.com 分别是 jy.com 的子域。

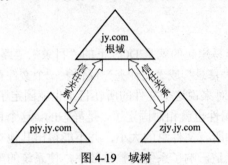

图 4-19　域树

域信任关系是指建立在两个域之间的关系，它允许两个域中的用户访问对方域中的资源。

域树中的域通过双向可传递信任关系连接在一起。由于这些信任关系是双向的而且是可传递的，因此在域树中新创建的域可以立即与域树中每个其他的域建立信任关系。这些信任关系允许通过单一登录过程，在域树中的所有域上对用户进行身份验证，但这并不意味着经过身份验证的用户在域树的所有域中都拥有相同的权利和权限。因为域是安全界限，所以必须在每个域的基础上为用户指派相应的权利和权限。

3）域林

域林由一个或多个没有形成连续名字空间的域树组成，它与上面所讲的域树最明显的区别就在于这些域树之间没有形成连续的名字空间，而域树则是由一些具有连续名字空间的域组成。但域林中的所有域树仍共享同一个表结构、配置和全局目录。域林由其中的所有域树通过 Kerberos 信任关系建立起来，所以每个域树都知道 Kerberos 信任关系，不同域树可以交叉引用其他域树中的对象。域林也有根域，域林的根域就是域林中创建的第一个域。域林中所有域树的根域与域林的根域建立可传递的信任关系。域林的组成如图 4-20 所示。

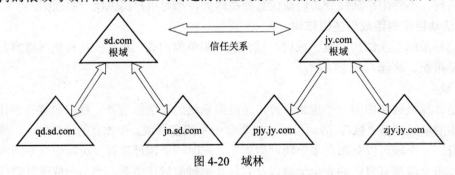

图 4-20　域林

4）组织单位

包含在域中特别有用的目录对象类型就是组织单位。组织单位是可将用户、组、计算机和其他单元放入活动目录的容器，组织单位不能包括来自其他域的对象。组织单位是可以指派组策略设置或委派管理权限的最小作用单位。使用组织单位，用户可在组织单位中代表逻辑层次结构的域中创建容器，这样就可以根据用户组织模型管理账户、资源的配置和使用。

使用组织单位创建可缩放到任意规模的管理模型，可授予用户对域中所有组织单位或对单个组织单位的管理权限。组织单位的管理员不需要具有域中任何其他组织单位的管理权，组织单位有点像 NT 时代的工作组，从管理权限上来讲可以这么理解。

3. 活动目录的特点

1）安全性

AD 具有相当的安全性。在 AD 中，每一个存储的对象都有相关的 ACL（Access Control Lists，存取控制列表）与其关联，可以安全地对所选择的对象进行处理。

2）可扩展性

AD 由大量组织构成，可以存储大量信息。在网络中，AD 可以随着网络的构成大小变化而改变。在域控制器之间，域信息数据库会相互复制，因此，对于 AD 对象的改变变得相当容易。

3）基于策略的管理

在 AD 对象环境中，允许对对象设定策略。针对不同的环境对象可以设置不同的管理策略，如将系统安全策略集中管理，有利于系统和网络的安全。

4）与 DNS 集成

在整个 AD 环境中，使用的是 DNS 域名系统，并可以集成整个 AD 环境。集成的 AD 环境可以使网络的域名解析更快捷、安全。

5）委派管理操作

针对 AD 的组织单位容器，可以授予权限进行委派控制，并分别给予每个组织单位不同的管理级别。被授权的组织单位中的用户可以进行相应的管理任务。

6）具有灵活的查询

任何用户可使用"开始"菜单、"网上邻居"或"活动目录用户和计算机"上的"搜索"命令，通过对象属性快速查找网络上的对象。如可通过名字、姓氏、电子邮件名、办公室位置或用户账户的其他属性来查找用户，反之亦然。

4. 活动目录的作用

（1）可以有效地对有关网络资源和用户的信息进行共享和管理。由于活动目录中存储了域中所有对象的信息，因此可以方便地实现统一集中的管理，同时也减轻了管理员的工作量。

（2）可以轻松地验证用户身份并控制其对网络资源的访问。用户一次登录就可访问网络资源，不需进行第二次的身份验证，这是它相较于工作组的一大优点。

5. 站点

站点是指包括活动目录域服务器的一个网络位置，通常是一个或多个通过 TCP/IP 连接起来的子网。站点内部的子网通过可靠、快速的网络连接起来。站点的划分使得管理员可以很方便地配置活动目录的复杂结构，更好地利用物理网络特性，使网络通信处于最优状态。当用户登录到网络时，活动目录客户机在同一个站点内找到活动目录域服务器，由于同一个站点内的网络通信是可靠、快速和高效的，所以对于用户来说，他可以在最快的时间内登录到网络中。因为站点是以子网为边界的，所以活动目录在登录时很容易找到用户所在的站点，进而找到活动目录域服务器完成登录工作。

6. DNS 与 Active Directory 的区别

DNS 和活动目录的结合是 Windows 2000 服务器版的最主要特点。DNS 域和活动目录域使用同一个域结构，所以很容易混淆。因此，理解它们之间的区别是很重要的。它们各自存储不同的数据，因此管理不同的对象。DNS 存储它的区域和资源记录；活动目录存储域和域中的对象。

DNS 是一种名字解析服务，它是通过 DNS 服务器接受请求查询 DNS 数据库来把域或计算机解析为 IP 地址的。DNS 客户机发送 DNS 名字查询到其设定的 DNS 服务器，DNS 服务器接受请求后或通过本地 DNS 数据库解析名字，或查询因特网上别的 DNS 数据库。DNS 不需要活动目录就可以起作用。

活动目录是一种目录服务，它通过域控制器接受请求查询活动目录数据库来把域对象名字解析为对象记录。活动目录用户通过 LDAP 协议（一种进入目录服务的协议）向活动目录服务器发送请求，为了定位活动目录数据库，需要借助于 DNS，也就是说，活动目录把 DNS 作为定位服务，把活动目录服务器解析为 IP 地址。活动目录要发挥作用，离不开 DNS。

7. 使用"管理您的服务器向导"对话框安装活动目录

在"服务器角色"对话框中要选择"域控制器（Active Directory）"选项。

8. 活动目录的备份和恢复

由于域控制器中存储着域中的用户和计算机信息，若域中只有一台域控制器，一旦它出现故障，将会导致整个域的资源分配趋于崩溃，后果不堪设想。因此为了防止这种情况的发生，需要对活动目录备份（比如备份到另外一台服务器上），备份完成后，再从备份中恢复活动目录即可。

9. 额外域控制器

部署额外域控制器，指的是在域中部署第二个甚至更多的域控制器，每个域控制器都拥有一个域控制器的 Active Directory 数据库副本。使用额外域控制器的好处很多，首先是避免了域控制器损坏所造成的业务停滞，其次是起到负载平衡的作用。

七、能力评价

序号	评 价 内 容	评 价 结 果			
		优秀	良好	通过	加油
		能灵活运用	能掌握 80% 以上	能掌握 60% 以上	其他
1	能说出活动目录的概念				
2	能说出活动目录的组成与逻辑结构				
3	能说出安装活动目录的前提条件				
4	能按照步骤安装活动目录				
5	能根据此项目的实际要求自己动手安装活动目录				

任务三　使用计算机登录域

一、任务描述

夏侯仲秋已在网管中心的 DNS 服务器上安装了活动目录，使其成为了一台域控制器。接下来需要使用计算机登录到域，使得用户能访问域中的资源。

二、知识准备

1. 组织单位简介

组织单位（OU）在任务二已有介绍，它是域中活动目录的容器，主要作用是将整个活动目录中的资源信息进行有组织的分层管理。它可以根据网络需求情况对用户账户、用户组、计算机、打印机、共享资源进行组织及整合管理。网络管理员可以根据实际的网络情况将组织单位构成一个符合要求的网络逻辑结构，以符合网络管理本身的要求。

2. 域用户

域用户账户是在整个域中的用户账户，存储在活动目录中。域用户账户可以位于整个域任何一个组织单位中，通过域中任何一台计算机都可以让用户登录到域并能访问域中的资源。

3. 域计算机

域计算机是加入域的计算机，这些计算机包括成员服务器和客户机。

三、任务分析

要想使用计算机登录域，必须满足两个条件：一是在域控制器中要设置好域用户账号和密码；二是在客户端将计算机加入域。因此，可以通过以下四步来实现。

1. 创建组织单位

销售部、财务部、人事部、设计部、生产部、网管中心。

2. 在销售部组织单位中创建域用户

姓：王；名：天明；用户登录名：wtm001；初始密码：cd123.com，要求用户下次登录时须更改密码。

3. 将计算机加入域

计算机名称为 xiaoshou-1，加入域的域名为 lyjmfs.com，有权限将计算机加入域的用户名为 Administrator，密码为 ab123.com。

4. 登录域

输入用户名为 wtm001，初始密码为 cd123.com，修改后的新密码为 ef123.com，登录到：LYJMFS。

四、任务实现

1. 创建组织单位

公司的部门包括销售部、财务部、人事部、设计部、生产部和网管中心，因此可以按照公司的部门划分来创建组织单位，步骤如下。

（1）在域控制器中，单击菜单"开始"→"管理工具"→"Active Directory 用户和计算机"，弹出"Active Directory 用户和计算机"窗口，如图 4-21 所示。

（2）在左侧列表中，右击域名"lyjmfs.com"，在快捷菜单中选择"新建"→"组织单位"，如图 4-22 所示。

（3）弹出"新建对象–组织单位"对话框，输入第一个组织单位名称：销售部，单击"确定"按钮，如图 4-23 所示。

（4）在"Active Directory 用户和计算机"窗口中，出现了"销售部"这个组织单位，如图 4-24 所示。

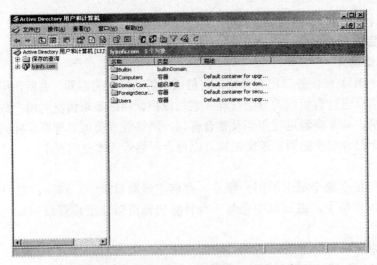

图 4-21 "Active Directory 用户和计算机"窗口

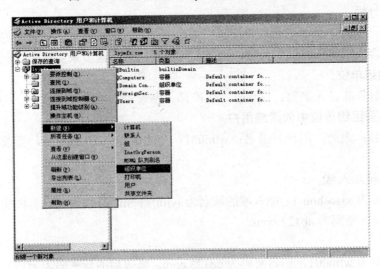

图 4-22 新建组织单位

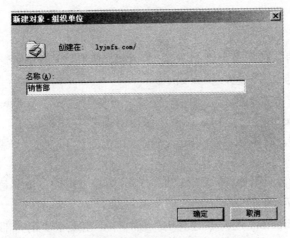

图 4-23 "新建对象–组织单位"对话框

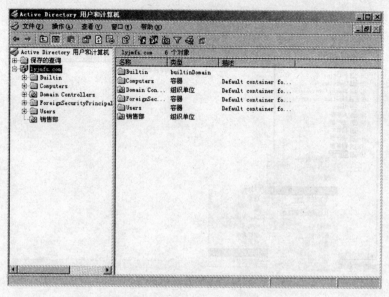

图 4-24 显示"销售部"组织单位

（5）依照同样方法，分别创建"财务部"、"人事部"、设计部"、"生产部"、"网管中心"这五个组织单位，创建完成后如图 4-25 所示。

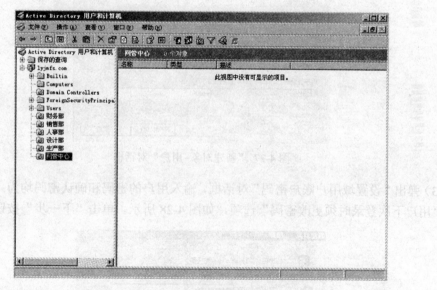

图 4-25 显示全部组织单位

2. 创建域用户

以为销售部的一名叫王天明的员工创建域用户为例，步骤如下。

（1）在域控制器的"Active Directory 用户和计算机"窗口的左侧列表中，右击"销售部"，在快捷菜单中选择"新建"→"用户"，如图 4-26 所示。

（2）弹出"新建对象-用户"对话框，输入王天明这个用户的相关信息，输入姓：王，名：天明，用户登录名：wtm001，如图 4-27 所示。单击"下一步"按钮。

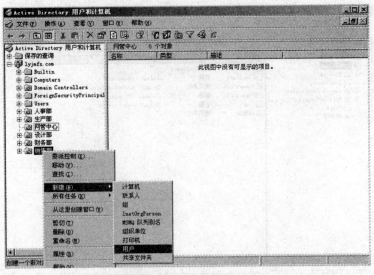

图 4-26　新建用户

图 4-27　"新建对象–用户"对话框

（3）弹出"设置域用户账户密码"对话框，输入用户的密码和确认密码均为：cd123.com，选择"用户下次登录时须更改密码"选项，如图 4-28 所示。单击"下一步"按钮。

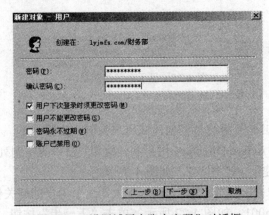

图 4-28　"设置域用户账户密码"对话框

（4）弹出"查看即将要创建的域用户账户"对话框，确认信息无误后，单击"完成"按钮，如图 4-29 所示。

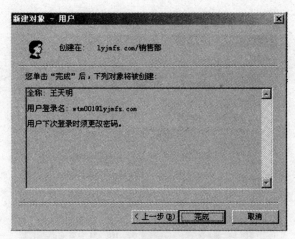

图 4-29 "查看即将要创建的域用户账户"对话框

（5）在"Active Directory 用户和计算机"窗口中，在"销售部"组织单位中出现了刚刚创建的域用户"王天明"，如图 4-30 所示。

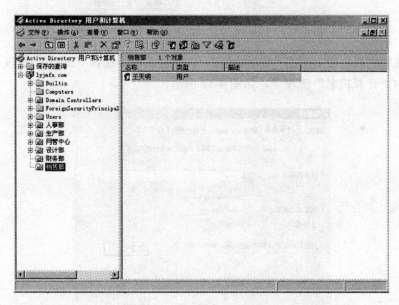

图 4-30 显示用户"王天明"

3. 将计算机加入域

这里以将销售部的一台客户机加入域为例（注：公司客户机安装的均为 Windows XP 操作系统，因此要为销售部的这台客户机安装好 Windows XP 操作系统，并将"计算机名称"设置为 xiaoshou-1），步骤如下。

（1）配置客户机 TCP/IP 属性

打开销售部的一台客户机，在其"TCP/IP 属性"窗口中设置 IP 地址为 192.168.71.4，子网掩码为 255.255.255.0，默认网关为 192.168.71.1，"首选 DNS 服务器"所对应的 IP 地址为：192.168.71.2，如图 4-31 所示，使得客户机能使用这个地址所指向的 DNS 服务器来解析域控制器的 IP 地址。

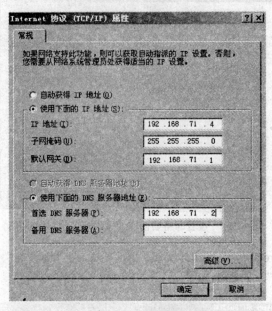

图 4-31 "Internet 协议（TCP/IP）属性"对话框

（2）在该客户机桌面上右击"我的电脑"，在快捷菜单中选择"属性"，出现"系统属性"对话框，选中"计算机名"选项卡，如图 4-32 所示。

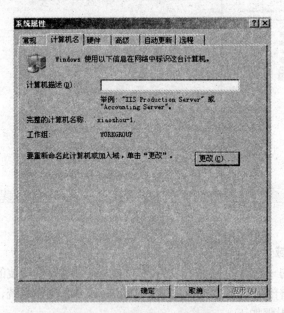

图 4-32 "系统属性"对话框

（3）单击"更改"按钮，弹出"计算机名称更改"对话框，如图 4-33 所示。

（4）在"隶属于"选项区选择"域"选项，并在"域"文本框中输入域名：lyjmfs.com，单击"确定"按钮，如图 4-34 所示。

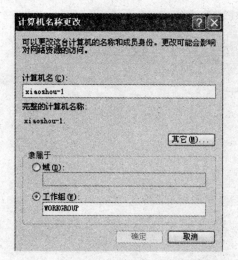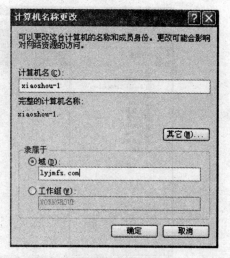

图 4-33　"计算机名称更改"对话框　　　　　图 4-34　隶属于 lyjmfs.com 域

（5）弹出"计算机名更改"对话框，在"用户名"文本框中输入域管理员账号：Administrator，在"密码"文本框中输入域管理员账号所对应的密码：ab123.com。单击"确定"按钮，域控制器将验证此域账户的有效性。如图 4-35 所示。

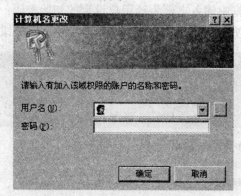

图 4-35　"计算机名更改"对话框

（6）验证通过后，系统将提示"欢迎加入 lyjmfs.com 域"，如图 4-36 所示，单击"确定"按钮。

（7）系统提示"要使更改生效，必须重新启动计算机"，如图 4-37 所示。单击"确定"按钮。

图 4-36　欢迎加入 lyjmfs.com 域　　　　　图 4-37　必须重新启动计算机

（8）在域控制器"Active Directory 用户和计算机"窗口中，单击左侧列表中"Computers"文件夹，在右侧列表中会看到刚刚加入域的计算机：XIAOSHOU-1，如图 4-38 所示。

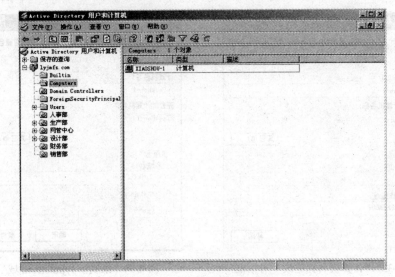

图 4-38　显示加入域的计算机

4. 登录域

（1）重新启动客户机后，出现"登录到 Windows"对话框，在"用户名"文本框中输入：wtm001，在"密码"文本框中输入之前为该用户设置的初始密码：cd123.com，在"登录到"列表中选择"LYJMFS"，使客户机能登录到域，单击"确定"按钮，如图 4-39 所示。

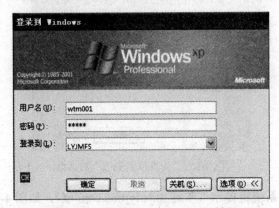

图 4-39　"登录到 windows"对话框

（2）弹出"登录消息"对话框，提示"您必须在第一次登录时更改密码"，单击"确定"按钮，如图 4-40 所示。

图 4-40　"登录消息"对话框

（3）弹出"更改密码"对话框，输入旧密码：cd123.com，再输入新密码和确认新密码均为：ef123.com，单击"确定"按钮，如图 4-41 所示。

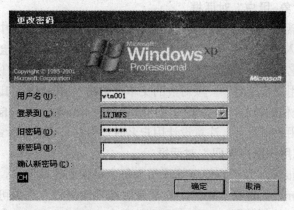

图 4-41 "更改密码"对话框

（4）系统提示"您的密码已更改"，单击"确定"按钮，如图 4-42 所示。

图 4-42 您的密码已更改

（5）验证通过后，用户就可以登录到 LYJMFS 域了。打开"系统属性"对话框，在"计算机名"选项卡中显示计算机名称为：xiaoshou-1.lyjmfs.com，表示该计算机已经成为 lyjmfs.com 域中的一台计算机，如图 4-43 所示。可以与图 4-32 进行对比。

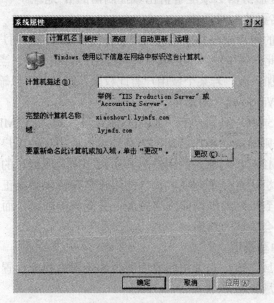

图 4-43 加入域的计算机名称

依同样方法可以使用其他部门的客户机登录域。

五、学习反思

1. 关于"新建对象–用户"对话框

在此对话框中，需要输入信息的项是：姓、名和用户登录名。其中在"姓"和"名"两项对应的文本框中输入"王"和"天明"后，在姓名对应的文本框中会自动出现"王天明"。由于该用户没有英文名，所以以"英文缩写"可以不用输，同时这样设置使得显示用户信息更符合我们的习惯。在"用户登录名"一项对应的文本框中输入 wtm001，其中 wtm 是王天明的名字拼音的缩写，001 是他的编号，但完整的用户登录名为 wtm001@lyjmfs.com。这里的 wtm001 也是用户登录域时使用的用户名，注意设计用户名时要根据公司的实际命名规则来命名。

2. 关于"设置域用户账户密码"对话框

因为公司的员工很多，为了方便域管理员为每个员工创建域用户，可以设置每个用户的初始密码为 cd123.com，而选择"用户下次登录时须更改密码"选项可以让员工在第一次登录域时自己更改密码，这样就保证了用户账户的安全，但要注意这里的密码要使用安全的密码策略来进行设计。

3. 关于加入域的计算机

加入域的计算机可以是服务器也可以是客户机，本任务中是将销售部的一台客户机加入域，也可以用相同的方法将网络中的服务器加入域，这要根据实际情况而定。注意：将财务部的计算机加入域时，要先将 DHCP 服务器加入域，再将其他客户机加入域，以确保 DHCP 服务器能正常地分配 IP 地址给客户机。当然，财务部的局域网要想访问域控制器必须配置路由器调通网关。

4. 关于加入域的计算机 TCP/IP 属性的配置

在此任务中，我们是将销售部的客户机加入域，那么需要设置其"首选 DNS 服务器"为192.168.71.2。在实际情况中，将成员服务器和客户机加入域时，成员服务器和客户机的"TCP/IP 属性"中的"首选 DNS 服务器"所对应的 IP 地址应该设置为网络中的 DNS 服务器的地址，并且这台 DNS 服务器必须能解析出域控制器的 IP 地址。

5. 关于"计算机名更改"对话框

在此对话框中输入的用户账户必须为有权限将计算机加入域的用户账户，因为域管理员的权限是最大的，因此在此任务中输入的是域管理员的用户名和密码。当然，域中并不只是域管理员才有权限将计算机加入域，若某个域用户有此权限，则在此可以输入该用户账户信息。

6. 关于"登录到 Windows"对话框

在此对话框的"登录到"列表中有"XIAOSHOU-1"和"LYJMFS"两个选项，若用户选择"XIAOSHOU-1"，则输入的用户名和密码必须为本地用户的用户名和密码才能登录到本机；若用户选择"LYJMFS"，则输入的用户名和密码必须为域用户的用户名和密码才能登录到域。无论是登录到本机还是登录到域，输入的用户名和密码必须正确，有一项不对将不能成功登录。在这里登录到域时才能访问网络资源，并受域的约束，而登录到本地计算机时将不能访问网络资源也不会受域的约束。

7. 关于使用域用户登录域

在使用域用户登录域之前，必须按照前面所说的步骤做相应设置，一旦设置完成后，用户就可以据此多次登录域。

在这里只要能通过域控制器的验证，一个域用户可以使用任意一台加入域的计算机登录域，因为同一个域中的计算机之间已经建立了信任关系，它允许任意一个域用户登录，除非对用户进行权限的限制。比如，域用户 wtm001 可以使用加入域的 XIAOSHOU-1 客户机登录到域，也可以使用其他部门的任意一台加入域的客户机登录到域。

8. 关于创建"组织单位"

在此任务中，我们是按照部门的划分来创建组织单位，分别是销售部、财务部、人事部、设计部、生产部、网管中心，这样可以按照公司的实际管理状况来管理网络资源，可以为每个部门创建相应的用户和计算机，并为每个部门设置相应的权限，从而使得管理网络更加高效。注意，组织单位只能包含同一域内的对象，不能包含其他域的对象。

9. 关于"更改密码"对话框

该对话框用于让用户在第一次登录时更改密码，因此必须在"新密码"和"确认新密码"对应的文本框中输入新密码。在实际工作中，这个新密码应该由相应的用户自己输入，这样才能保证用户密码的安全性，但要注意这个新密码要符合安全密码策略。

10. 关于计算机不能加入域

计算机不能加入域是一件让人头疼的事情，因为有多方面的原因，所以需要对症下药。在这里，总结一下计算机不能加入域的常见原因。

（1）要加入域的计算机的 DNS 设置得不正确，不能正确解析出域控制器的 IP 地址。

（2）安装活动目录时 DNS 服务没有正确安装。

（3）域控制器的操作系统不干净，系统程序有问题或者是感染了病毒，因此建议安装活动目录时要选择一台有干净系统的计算机，使得域控制器能稳定运行。

（4）要加入域的计算机有同名的。

（5）没有关闭客户端的防火墙。

（6）要加入域的计算机的系统时间与域控制器的系统时间不同步。

（7）域的名称填写不正确。

（8）没有加入域的权限。

六、知识拓展

1. 组织单位的应用结构

组织单位就是一个比域还小的管理单位，能够发挥"分层自治，授权自治"的优点。可以根据以下应用结构来规划组织单位。

1）基于区域的结构

对于一个大型的跨国或跨地区的网络而言，组织单位往往是集中管理但又是按照不同的实际地理位置进行划分的。如图 4-44 所示，有个大型跨国公司总部设在上海，而在北京、深圳、广州都设立了分公司，则建立组织时适合按区域划分，分别建立北京、深圳、广州三个组织单位，有利于区域化的网络管理。

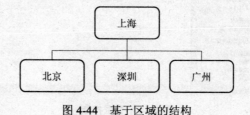

图 4-44　基于区域的结构

2）基于组织部门的结构

在组织单位中，可以根据不同的部门进行管理单元的建立。不同的部门在网络中权限的大小和资源的占用都不同，可以通过建立按部门的划分，来管理组织单位内的不同部门。如图 4-45 所示就是按部门划分来建立组织单位。这样，对于组织单位的划分和建立能比较好地适应公司内部或者职务的变化，能明确各部门的职责。

图 4-45　基于组织部门的结构

3）基于相似网络资源访问的结构

基于相似网络资源访问的结构是在基于维护 AD 对象简单的基础上建立的。在整个域管理环境中，可以对组织单位按需求划分，为不同的需求建立不同的组织单位。但是，建立这样的组织单位局限性较大，因为对象资源的访问时刻会改变，而组织单位不能跟着需求的改变而立刻进行变更。因此，在管理授权的过程中，这类组织单位往往较少建立或者是仅仅在小规模网络中应用。

4）综合结构

综合结构的组织单位可以混合使用上述多种结构来管理网络。这种层次结构能够适应组织的需求使用、地理位置、职务的变化，是一种适应性强、复杂度高的网络划分方式。

2. 组织单位和委派控制

在活动目录中，组织单位（OU）用作对象容器。可以在 OU 层次上使用控制委派向导来委派管理权。比如，委派销售部的用户王天明将计算机加入域，实现步骤如下。

（1）打开"Active Directory 用户和计算机"窗口，右击"销售部"组织单位，在快捷菜单中选择"委派控制"，如图 4-46 所示。

图 4-46　委派控制

（2）弹出"欢迎使用控制委派向导"对话框，单击"下一步"按钮，如图 4-47 所示。

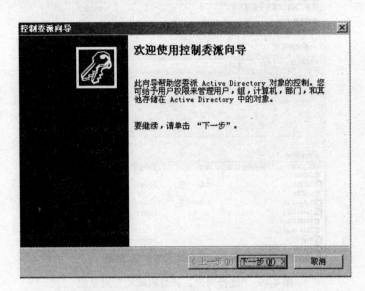

图 4-47 "欢迎使用控制委派向导"对话框

（3）弹出"用户和组"对话框，单击"添加"按钮，如图 4-48 所示。

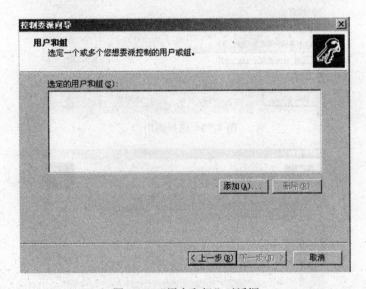

图 4-48 "用户和组"对话框

（4）弹出"选择用户、计算机或组"对话框，单击"高级"按钮，再单击"立即查找"按钮，在"搜索结果"列表中选择"王天明"，单击"确定"按钮，如图 4-49 所示。

（5）回到选择了用户的"选择用户、计算机或组"对话框，可看到在"输入对象名称来选择"框中出现了已选择的用户王天明，单击"确定"按钮，如图 4-50 所示。

（6）回到原来的"用户和组"对话框，在"选定的用户和组"框中出现了添加的用户王天明，单击"下一步"按钮，如图 4-51 所示。

图 4-49 "选择用户、计算机或组"对话框

图 4-50 选择的用户

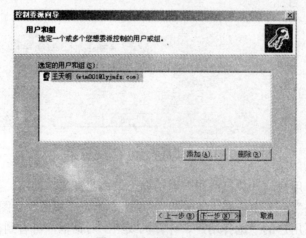

图 4-51 添加用户和组

（7）弹出"要委派的任务"对话框，选中"委派下列常见任务"选项，在其下的列表中勾选"将计算机加入域"选项，单击"下一步"按钮，如图 4-52 所示。

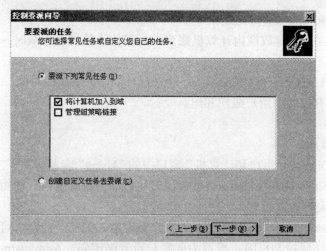

图 4-52 "要委派的任务"对话框

（8）弹出"完成控制委派向导"对话框，单击"完成"按钮，如图 4-53 所示。

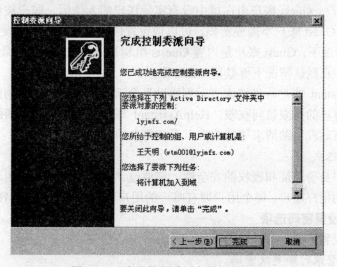

图 4-53 "完成控制委派向导"对话框

这样，王天明就有了将计算机加入域的权限，可以使用王天明的用户名和密码来将计算机加入域，这样可以避免域管理员的密码外泄，也可以减轻域管理员的负担。

3. Active Directory 用户和计算机账户

Active Directory 用户和计算机账户代表物理实体，如计算机或人。用户账户和计算机账号（以及组）也称为安全主体。安全主体是被自动指派了安全标识符（SID）的目录对象，带安全标识符的对象可以登录到域并访问域中的资源。用户和计算机账号用于：

（1）验证用户或计算机的身份；

（2）授权或拒绝访问域资源；

（3）管理其他安全主体；

（4）审核使用用户或计算机账号执行的操作。

在"Active Directory 用户和计算机"窗口中包括了以下容器。

BUILTIN：用来存放内置本地组。

COMPUTERS：用来存放域内计算机账户，当其他计算机加入域时，这些计算机账号都存放在此。

FOREIGNSECURITYPRINCIPALS：存储来自有信任关系域的对象。

USERS：用来存放域内用户账户和组。

4．域用户账户

1）默认用户账户

位于"Active Directory 用户和计算机"窗口中的"Users"容器显示了三个内置用户账户：Administrator、Guest 和 HelpAssistant。创建域时将自动创建这些内置的用户账户，每个内置账户均有不同的权利和权限组合。

（1）Administrator 账户。Administrator 账户具有对域的完全控制，可以在必要时为域用户指派用户权利和访问控制权限。推荐为此账户设置强密码。Administrator 账户是 AD 中 Administrators、Domain Admins、Enterprise Admins、Group Policy Creator Owners 和 Schema Admins 组的默认成员。

（2）Guest 账户。Guest 账户由在域中没有实际账户的人使用。账户被禁用的用户也可以使用 Guest 账户。Guest 账户不需要密码，可以像设置任意用户账户一样设置 Guest 账户的权利和权限。默认情况下，Guest 账户是内置 Guests 组和 Domain Guests 全局组的成员，它允许用户登录到域。但在默认情况下要禁用 Guest 账户。

（3）HelpAssistant 账户。当请求"远程协助"会话时，系统将自动创建该账户，同时该账户只具有对计算机的受限访问权限。HelpAssistant 账户由"远程桌面帮助会话管理器"服务管理，如果没有远程协助请求等待响应，系统将自动删除该账户。

2）保护用户账户

为了获得用户身份验证和授权的安全性，请通过"Active Directory 用户和计算机"为每个用户创建单独的用户账户，每个用户要有唯一的用户账户，并为用户设置安全度高的密码。

5．用户账户设置密码选项

为用户账户设置密码，可以使用下列选项。

1）用户下次登录时须更改密码

强制用户下次登录时更改密码。当希望该用户成为唯一知道其密码的人时，请使用该选项。

2）用户不能更改密码

阻止用户更改密码。当希望保留对用户账户（如来宾或临时账户）的控制权时，请使用该选项。

3）密码永不过期

阻止用户密码过期。

4）使用可逆的加密保存密码

允许用户从 Apple 计算机登录到 Windows 网络。若用户不是从 Apple 计算机登录，则不应该使用该选项。

5）账户已禁用

阻止用户使用选定的账户登录。

6. 域用户和本地用户的区别

（1）域用户账户信息存储在 AD 中，而本地用户账户信息存储在本机（服务器或客户机）数据库中。

（2）使用域用户账户可以在域中所有的计算机上进行登录，访问域的资源，而使用本地用户账户只能登录到本地计算机上，访问该计算机上的资源。

（3）域用户账户适用于域模式的网络，而本地用户账户适用于工作组模式的网络。

（4）本地账户只能在账户所属的计算机上进行管理，每个计算机上的管理员单独管理自己机器上的本地账户，管理起来很分散，会加重管理的负担。而域账户是通过 AD 用户和计算机管理工具进行统一的管理，管理起来会很高效。

7. 创建域用户的另一种方法

本任务中，我们是在组织单位中创建域用户，这样方便按部门来管理用户。还有一种方法可以创建域用户，这也是最基本的一种方法，步骤如下：在域控制器中，打开"Active Directory 用户和计算机"窗口，在左侧列表中右击"users"容器，在快捷菜单中单击"新建"→"用户"，后续步骤与本任务中任务实现的步骤 2 相同。使用这种方法创建的域用户是在"users"容器中显示的。

8. 加入域的计算机所使用的操作系统

加入域的计算机可以是服务器或客户机，使用的操作系统包括 Windows 2000、Windows Server 2003/2008、Windows XP（家庭版除外）和 Windows 7（家庭版除外）等。

9. 域组

组与组织单位不同。域组包含了域用户、计算机、域组、打印机等信息，可以实现对域资源进行简化管理，维护网络系统安全。在网络维护过程中使用域组进行多个域用户账户的管理，即一个域组包含多个域用户，只需对域组进行管理，就可以达到管理域组中多个域用户的目的。域组包括安全组和通信组，组作用域包括全局组、通用组和本地域组。

10. 域用户登录域

一般情况下，域用户可以使用域中的任何一台计算机登录域，虽然这样是一种共享，但也使得使用计算机很不安全。因此从安全方面考虑，可以使某个域用户只能使用本部门的计算机登录域，这需要在部门中创建组，并将部门中的域用户设为组的成员，并为组中的用户设置"允许本地登录"的权限；或者使某个域用户只能使用固定的一台计算机登录域，这需要设置域用户的属性。

七、能力评价

序号	评 价 内 容	评 价 结 果			
		优秀	良好	通过	加油
		能灵活运用	能掌握80%以上	能掌握60%以上	其他
1	能说出组织单位的应用结构				
2	能创建组织单位、域用户				
3	能将本地计算机加入域				
4	能根据此项目的实际要求自己动手使用计算机登录域				

任务四　使用组策略管理域用户

一、任务描述

夏侯仲秋已经实现了使计算机登录到域，接下来需要使用组策略来管理域用户，以便于统一同部门用户的工作环境。

二、知识准备

组策略（GPO）是管理员为用户和计算机定义并控制程序、网络资源及操作系统行为的主要工具。通过使用组策略可以设置各种软件、用户和计算机策略。在域中应用组策略可以对一组用户和计算机统一进行设置。

三、任务分析

使用组策略管理域用户，可以通过以下两步来实现。

（1）创建组策略。为销售部创建一条组策略，组策略名称：销售部用户组策略。编辑组策略：禁止访问控制面板。

（2）查看应用组策略后的结果。

四、任务实现

由于组策略的选择要根据实际的管理需要，因此在这里以对销售部的用户禁用控制面板为例，实现步骤如下。

1. 创建组策略

（1）在域控制器中，打开"Active Directory 用户和计算机"窗口，右击"销售部"组织单位，在快捷菜单中选择"属性"菜单项，如图 4-54 所示。

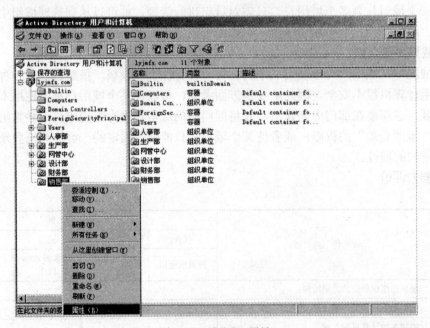

图 4-54　销售部–属性

（2）弹出"销售部属性"对话框，选择"组策略"选项卡，如图 4-55 所示。

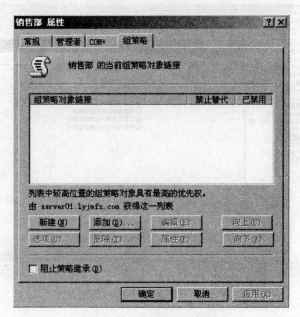

图 4-55　销售部属性–组策略

（3）单击"新建"按钮，在"组策略对象链接"下方的列表中出现了新的组策略的默认
名称：新建组策略对象，将该名称修改为：销售部用户组策略，单击"编辑"按钮，如图 4-56
所示。

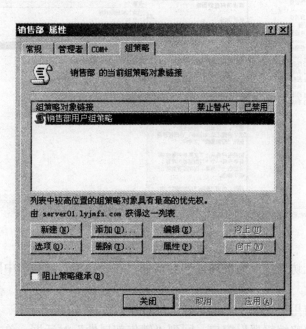

图 4-56　新建"销售部用户组策略"

（4）弹出"组策略编辑器"窗口，在左侧列表中依次展开"用户配置"→"管理模板"，
单击"控制面板"，在右侧列表中显示了关于"控制面板"的相关设置，如图 4-57 所示。

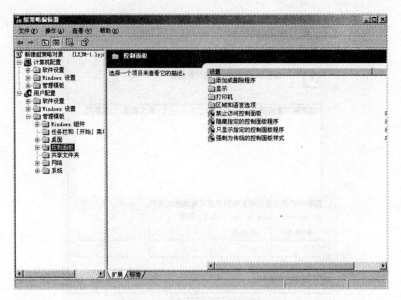

图 4-57 "组策略编辑器"窗口

（5）右击"禁止访问控制面板"，在快捷菜单中选择"属性"菜单项，如图 4-58 所示。

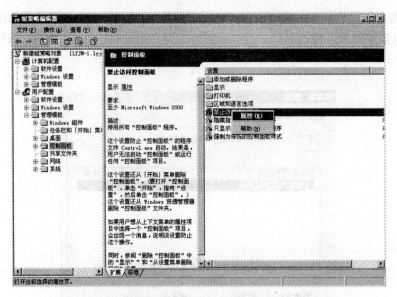

图 4-58 设置"禁止访问控制面板-属性"

（6）打开"禁止访问控制面板属性"对话框，在"设置"选项卡中默认的选项是"未配置"，如图 4-59 所示。

（7）选择"已启用"选项，单击"确定"按钮，如图 4-60 所示。

（8）关闭"组策略编辑器"窗口，回到"销售部属性"对话框，单击"确定"按钮。

2. 查看应用组策略后的结果

比如使用用户王天明的用户名和密码登录 LYJMFS 域，单击"开始"菜单，会发现没有"控制面板"一项，如图 4-61 所示。

图 4-59 "禁止访问控制面板属性"对话框

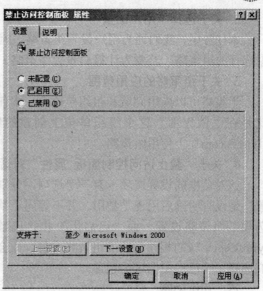

图 4-60 "禁止访问控制面板"已启用

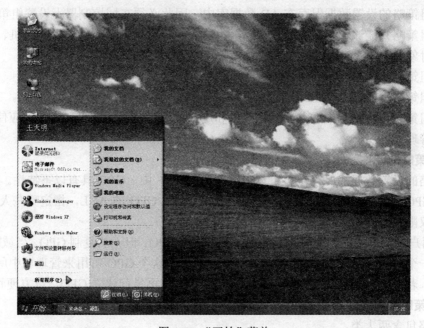

图 4-61 "开始"菜单

五、学习反思

1. 关于为新建的组策略命名

本任务中，我们为销售部新建了一条组策略，默认名称为"新建组策略对象"，然后将该名称修改为"销售部用户组策略"。这样做的目的是在名称上标识组策略，使管理员能容易识别该组策略。试想一下，如果销售部有多条组策略，都用相同的名称，那管理员要编辑某条组策略时就很麻烦。用于管理计算机的组策略叫"某某部计算机组策略"；用于管理用户的组策略叫"某某部用户组策略"。

2. 关于选择"用户配置"

本任务中,我们要为用户设置组策略,因此是在"组策略编辑器"窗口中的"用户配置"中选择的组策略。若要为计算机设置组策略,则要在"计算机配置"中选择组策略。

3. 关于组策略的应用范围

组策略可以应用到域和组织单位上。本任务中,因为要为销售部的用户应用组策略,因此是在"销售部"这个组织单位上创建的组策略。若要对整个域设置组策略,则要在"lyjmfs.com"上使用组策略。

4. 关于"禁止访问控制面板 属性"对话框

该对话框的设置选项卡有三个选项,分别是"未配置"、"已启用"和"已禁用"。"未配置"是没有明确启用还是禁用,并不等同于禁用,该组策略会自动继承 lyjmfs.com 域的相同选项的组策略设置。而"已启用"和"已禁用"两个选项则代表该策略的设置不会继承 lyjmfs.com 域的相同选项的组策略设置,而会应用"自己"的组策略。因此在本任务中,我们选择了"已启用"这个选项。

六、知识拓展

1. 使用组策略时的注意事项

(1)组策略的设置数据保存在 AD 数据库中,因此必须在域控制器上设置组策略。

(2)组策略只能够管理计算机与用户。也就是说,组策略是无法管理打印机、共享文件夹等其他对象的。

(3)组策略只能够应用到站点、域或组织单位。

(4)组策略不适用于 Windows 9X/NT 的计算机,应用到这些计算机上无效。

(5)组策略不会影响未加入域的计算机和用户,对于这些计算机和用户,应使用本地安全策略来管理。

2. 组策略的特性

组策略的设置数据都保存在"组策略对象"(GPO)中,GPO 具有以下特性。

(1)GPO 利用 ACL 记录权限设置,可以修改个别 GPO 的 ACL,指定哪些人对该 GPO 拥有何种权限。

(2)用户只要有足够的权限,便能够添加或删除 GPO,但无法复制 GPO。当域刚建好时,默认仅有一个 GPO 叫 DEFAULT DOMAIN POLICY。这个 GPO 可用来管理域中所有的计算机与用户。若要设置应用于组织单位的组策略,通常会再另行建立 GPO,以方便管理。

3. 组策略的内容

组策略包含两大类。

(1)计算机配置:包含所有与计算机有关的策略设置,这些策略只会应用到计算机账户(即已加入域的计算机在域控制器中的标识)。当计算机启动时,就会根据"计算机配置"的内容来设置计算机的环境。

(2)用户配置:包含所有与用户有关的策略设置,这些策略只会应用到用户账户(在域控制器中创建的用户账户)。当用户登录时,就会根据"用户配置"的内容来设置用户的工作环境。

4. "组策略编辑器"窗口简介

"组策略编辑器"是设置组策略的工具,包括计算机配置和用户配置两大类,而这两大类又都包含了软件设置、WINDOWS 设置和管理模板三个小类。

（1）软件设置：此策略用来管理域内所有软件的安装、发布、指派、更新、修复和删除。

（2）WINDOWS 设置：在这里，管理员能够设置脚本文件、建立账户策略、指派用户权限和集中管理用户配置文件。WINDOWS 设置在计算机配置与用户配置中，分别有不同的设置项目：在计算机配置的 WINDOWS 设置中，能够设置脚本文件与安全性设置策略。在用户配置的 WINDOWS 设置中，能够设置 INTERNET EXPLORER 维护、脚本文件、安全性设置、远程安装服务与文件重定向策略。

（3）管理模板：所有涉及注册表的策略都集中在这里。管理模板在计算机配置中能够设置 WINDOWS 组件、系统、网络与打印机策略。而在用户配置中，能够设置 WINDOWS 组件、开始菜单和任务栏、桌面、网络与系统策略。

5. 安全性策略设置

与安全有关的策略都存放在"计算机配置/WINDOWS 设置/安全设置"中。安全性设置包括以下主要内容。

（1）账户策略：包含三种策略，这三种与账户安全性有关的策略只有应用在域时才会生效，并且它们不受阻止策略继承的限制。注意：密码策略与账户锁定策略虽然可以在组织单位中设置，但不会生效。

（2）本地策略：用来限制哪些人可以通过网络登录或是直接登录本机访问资源，要审核哪些工作。

（3）事件日志：设置安全性、系统和应用程序日志文件的大小与保留天数等。

（4）受限组：限制某组只能够包含特定的成员，适合用来管理本机内置组与全局组的成员。

（5）系统服务：设置网络服务、文件与打印服务和电话与传真服务等系统服务的配置，设置哪些人有这些服务的权限。

（6）文件系统：设置目录或文件的安全性模板。也就是说，哪些人拥有该目录或文件的权限和权限的继承关系。

（7）公开密钥策略：此策略同样是应用在域时才有效，也不受阻止策略继承的限制。

6. 连接组策略

连接一个已存在的组策略到域和 OU 上，可通过在想创建组策略的域或 OU 的"属性"对话框中单击"添加"按钮，在打开的"添加组策略对象属性"对话框中选择要连接的组策略即可。注意：任何一个拥有该组策略的读写权限的人都可以对它作出修改。

7. 组策略继承

在活动目录中，包括父容器和子容器（如 lyjmfs.com 是父容器，销售部就是子容器；销售部是父容器，则销售部下的子组织单位是子容器）。在默认情况下，子容器会继承父容器的组策略。在整个继承关系中，最上层为站点，其下层为域与组织单位。若有多层组织单位，则下层组织单位会继承上层组织单位的 GPO。如果多个 GPO 试图将某个设置设定为有冲突的值，则由具有最高优先级的 GPO 设定该设置。GPO 处理基于最后写入者获胜模型（Last Writer Wins Model），之后处理的 GPO（排在上面）比之前处理的 GPO（排在下面）的优先级高。

8. 组策略的应用顺序与规则

1）组策略的应用顺序

本地组策略→站点组策略→域的组策略→组织单位的组策略

2）组策略的应用规则

（1）若在父容器中建立了一条组策略，但是并未在子容器建立组策略，则子容器会继承在父容器中建立的组策略。

（2）若另外在子容器中建立了组策略，默认情况下，子容器的组策略则会取代父容器的组策略。

（3）若子容器设置的组策略与父容器设置的组策略冲突，则子容器会继承父容器的组策略。

（4）在同一容器中的不同组策略的设置发生冲突时，则在组策略列表中最高位置的组策略具有最高优先权。

9. 强制继承组策略和阻止继承组策略

1）强制继承组策略

在父容器内，设置强迫其所有的子容器必须继承父容器的 GPO 设置，这就是强迫继承。可通过在父容器的"属性"对话框中单击"选项"按钮，选择"禁止替代"选项实现。

2）阻止继承组策略

在子容器的 GPO 内，有些策略被设置为"未定义"，则这些策略的设置将会继承父容器的设置。若不想继承父容器的策略，可通过在子容器的"属性"对话框中勾选"阻止策略继承"复选框来实现。注意：阻止组策略继承有两个局限，一是无法选择阻止哪个组策略；二是不能阻止连接在父容器设置为不重写（禁止代替）的组策略。

10. 管理域用户账户

右击用户"王天明"，在出现的快捷菜单中包含了多个可用于管理用户的菜单项，常用的设置如下。

（1）复制：对于具有相似属性信息的用户，可以一个已建好的用户账户为模板，利用复制功能，复制出多个用户账户。复制的时候只需要重新设置新用户的姓名、登录名称和密码，其他的设置则会沿用原账户的属性。

（2）添加到组：将用户添加到指定的组。

（3）禁用账户：当用户在一段时间内不使用其账户时，可使用该功能将账户禁用。

（4）重设密码：在用户改变密码前密码期满或是用户忘记密码的情况下，管理员需要重新设置密码。

（5）移动：必要时，管理员可能需要在同一个域内的 OU 之间移动用户，如一个职员从一个部门调到另一个部门。

（6）删除：删除用户账户。

（7）属性：设置域用户属性。

右击用户"王天明"，在快捷菜单中选择"属性"，出现"王天明属性"对话框，如图 4-62 所示。

对各个属性的说明如下。

（1）常规：包含常规用户属性，如用户姓名、描述、办公室位置、电话号码、邮件等。

（2）地址：包含用户地址信息、邮箱、城市、邮编、国家等。

（3）账户：包含用户账户登录名、用户账户选项、用户登录时间等。

（4）配置文件：包含配置文件的具体路径设定，主文件夹的设定。

（5）电话：包含用户的电话、移动电话、传真号码等。

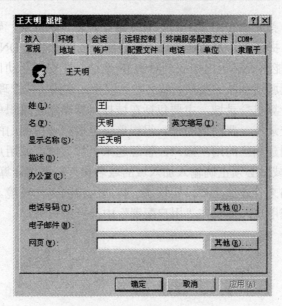

图 4-62 "王天明属性"对话框

（6）单位：包含用户所在单位的职务、部门等。

（7）隶属于：当前用户所属的组。

（8）拨入：用户的访问权力，用户拨入到网络中的回拨选项等。

（9）环境：终端用户在登录系统时启动的程序或者启用的物理设备等。

（10）会话：包含终端的服务选项配置。

（11）远程控制：包含终端服务的远程控制的属性设定。

（12）终端服务配置文件：具体的终端服务的配置文件。

注意：要根据实际网络中用户的情况，对上述用户账户属性进行设置。

七、能力评价

序号	评 价 内 容	评 价 结 果			
		优秀	良好	通过	加油
		能灵活运用	能掌握 80% 以上	能掌握 60% 以上	其他
1	能说出使用组策略的注意事项				
2	能为销售部用户设置"禁止访问控制面板"的组策略				
3	能根据此项目的实际要求自己动手使用组策略管理域用户				

单 元 小 结

公司要以域的模式来管理网络，需要搭建一台域控制器，以实现集中管理公司网络中的用户和计算机。

要搭建域控制器，首先要在网管中心的服务器上安装活动目录。要注意这台服务器必须满足安装活动目录的前提条件，尤其是要设置好该服务器的"首选 DNS 服务器"地址，该地址所指向的 DNS 必须能正确解析出域控制器的 IP 地址。在安装活动目录的过程中，要根据实际的网络情况来设置域控制器的类型、域名和还原模式密码（域管理员密码）等相关信息。

　　其次是使公司的计算机登录域，主要包括在域控制器端创建组织单位、域用户和在客户端将计算机加入域、登录域。要强调的是，组织单位是根据公司部门的划分来创建的，这样就可以在各个部门中创建相应的用户账户，管理起来更加方便；域用户的密码要符合安全密码策略；将计算机加入域时必须正确输入加入域的域名和有权限将计算机加入域的用户账户。

　　最后是使用组策略来管理域用户，实现统一控制用户的工作环境。要注意的是，无论使用哪种组策略来管理域用户，都要在"用户配置"中选择组策略。

搭建 Web 服务器

任务一　项目说明及方案讨论

一、项目阐述

灵岩佳美服饰有限公司要在网管中心的服务器上发布和管理公司的主页网站、财务部、设计部、人事部、销售部和生产部的网站，为此夏侯仲秋需要搭建 Web 服务器。

二、知识准备

1. Web 服务器

Web 服务器也称为 WWW（World Wide Web，中文名字为"万维网"）服务器，通常指安装了服务器管理软件的计算机，这些软件使用超文本传输协议（HTTP）或文件传输协议（FTP）等 Internet 协议来响应 TCP/IP 网络上的 Web 客户端请求。主要功能是提供网上信息浏览服务，目标是实现全球信息共享。

WWW 的客户端程序一般指浏览程序或浏览器，如 Microsoft Internet Explorer。

WWW 资源是指网络上能得到和传播的各种数据，包括文本、音频、图形或图像以及其他可以存储在计算机文件中的数据。

因此，确切地说，Web 服务器是指计算机和运行在它上面的服务器软件的总和。用户上网浏览一个网页，实际上是发送需求信息到一个 Web 服务器（它可以在世界上任何地方）上，请求它将一些特定的文件（通常是超文本和图片）发送到用户计算机上，这些文件通过用户计算机上的浏览器显示出来。

2. IIS

IIS（Internet Information Server，Internet 信息服务）是允许在公共局域网或互联网上发布信息的 Web 服务器。

3. 网站

指放在 Web 服务器上的一系列网页文档，通常包括主页和其他具有超链接文件的页面。

三、方案描述

灵岩佳美服饰有限公司规定如下：主页 www.lyjmfs.com（IP：192.168.71.2），财务部 www.lyjmcw.com（IP：192.168.71.2），设计部 www.lyjmsj.com（IP：192.168.71.2），人事部 www.lyjmrs.com（IP：192.168.71.2），销售部 www.lyjmxs.com（IP：192.168.71.2）和生产部 www.lyjmsc.com（IP：192.168.71.2），端口号都使用默认 80 端口，这些网站可以匿名访问。夏侯仲秋要完成 Web 服务器的搭建，有以下几个步骤。

1. 安装 Web 服务器

在前面的工作中，夏侯仲秋已在服务器上安装了 Windows Server 2003，为了保护使用者的系统安全，Windows Server 2003 操作系统各版本默认都不安装 IIS，这里需要手动安装 Web 服务器 IIS。

2. 创建并管理网站

夏侯仲秋在安装完 Web 服务器后，在网管中心的这一台服务器上依次完成灵岩佳美服饰有限公司的主页网站、财务部、设计部、人事部、销售部和生产部等网站的创建，然后对其进行测试和管理。

3. 配置 DNS 服务器（请参考第二单元任务二）

夏侯仲秋需要配置 DNS 服务器完成灵岩佳美服饰有限公司主页网站、财务部、设计部、人事部、销售部和生产部网站的域名与 IP 地址间的解析。

四、分组讨论

1. 什么是 Web 服务器？Web 服务器有哪些功能？

2. Web 服务器的工作过程是什么？

3. IIS 是什么？

4. 灵岩佳美服饰有限公司要发布网站的名称以及各自的 IP 地址、域名和端口号是什么？

五、学习反思

目前信息共享的方法很多，而且使用者对信息共享的方式和途径有了更高的要求，因此，企业能否对信息变化快速地作出反应显得尤为重要。而传统的信息共享方式已经不能满足使用者的要求。要想使企业的信息快速有效地被企业内部或 Internet 远程伙伴使用，最好的方法是搭建 Web 服务器，发布信息。要搭建 Web 服务器，首先要清楚发布网站的基本信息，如网站的 IP 地址、域名、端口号和权限等。其次，发布网站前要进行网站的测试和管理，以检测网站是否可以正常访问。网站测试时如果需要解析 IP 地址和域名，需检测 DNS 服务器是否配置正确。在这里采用相同的 IP 地址（192.168.71.2）和 TCP 端口（80）、不同的主机头来实现网站的发布，具体内容详见本单元任务三。

六、能力评价

序号	评 价 内 容	评 价 结 果			
		优秀	良好	通过	加油
		能灵活运用	能掌握 80% 以上	能掌握 60% 以上	其他
1	能说出 Web 服务器的作用				
2	能说出 Web 服务器的工作过程				
3	能说出 IIS 是什么				
4	能说出要创建网站的基本信息，如 IP 地址、域名、端口号和权限				

任务二　安装 IIS

一、任务描述

为了实现信息和网站的发布，夏侯仲秋第一步就需要安装 Web 服务器 IIS。

二、知识准备

IIS 是一种 Web（网页）服务组件，其中包括 Web 服务器、FTP 服务器、NNTP 服务器和 SMTP 服务器，分别用于网页浏览、文件传输、新闻服务和邮件发送等应用，它使得在网络（包括互联网和局域网）上发布信息成了一件很容易的事。IIS 支持 ASP（Active Server Pages，动态服务器网页）、VBScript、JAVA 等语言编写的网页页面，而且有着一些扩展功能。

IIS 是目前最流行的 Web 服务器产品之一，很多著名的网站都建立在 IIS 的平台上。IIS 提供了一个图形界面的管理工具，称为 Internet 信息服务管理器，可用于监视配置和控制 Internet 服务。

三、任务分析

夏侯仲秋手动安装 IIS 的步骤如下。

（1）插入 Windows Server 2003 的安装盘。

（2）打开"开始—管理您的服务器"，打开"管理您的服务器"对话框。

（3）选择安装服务器角色：应用程序服务器（IIS、ASP.NET）。

（4）配置应用程序服务器选项。

（5）查看并确认选择的选项，完成安装。

四、任务实现

（1）安装 IIS 需要以管理员的身份登录到服务器，本服务器的用户名是 Administrator，密码是 ab123.com。

（2）将 Windows Server 2003 的安装盘放入光驱中，打开"开始"→"管理工具"→"管理您的服务器"，打开"管理您的服务器"对话框。如图 5-1 所示。

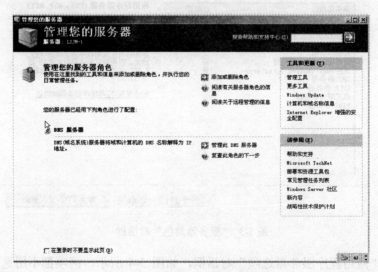

图 5-1　"管理您的服务器"对话框

（3）在"管理您的服务器"对话框中，单击"添加或删除角色"选项。打开"预备步骤"对话框，如图 5-2 所示。查看提示信息后单击"下一步"按钮。

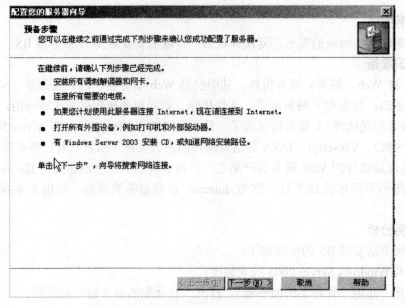

图 5-2 "预备步骤"对话框

（4）弹出"服务器角色"对话框，如图 5-3 所示，选中"应用程序服务器（IIS、ASP.NET）"选项。单击"下一步"按钮。

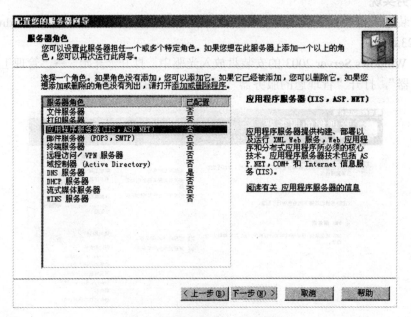

图 5-3 "服务器角色"对话框

（5）弹出"应用程序服务器选项"对话框，如图 5-4 所示。两项都不用选，完成后单击"下一步"按钮。

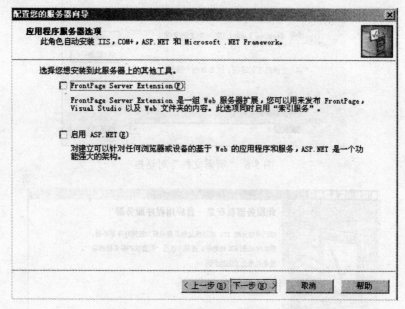

图 5-4　"应用程序服务器选项"对话框

（6）弹出"选择总结"对话框，如图 5-5 所示。在此可以查看并确认将要安装的服务和扩展组件，审核完毕后单击"下一步"按钮。

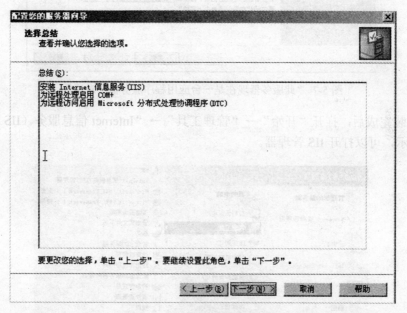

图 5-5　"选择总结"对话框

（7）系统自动进行 IIS 安装与配置。安装过程中需要提供相关安装文件，在安装程序的提示下将安装源路径定位到光盘中 I386 文件夹，如图 5-6 所示。

（8）成功安装 IIS 后，弹出"此服务器现在是一台应用程序服务器"对话框，如图 5-7 所示。单击"完成"按钮完成 IIS 的安装。

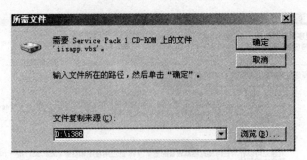

图 5-6 "所需文件"对话框

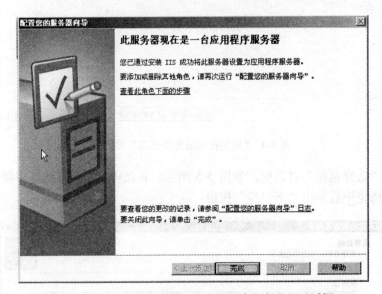

图 5-7 "此服务器现在是一台应用程序服务器"对话框

（9）安装完成后，打开"开始"→"管理工具"→"Internet 信息服务（IIS）管理器"，如图 5-8 所示，可以打开 IIS 管理器。

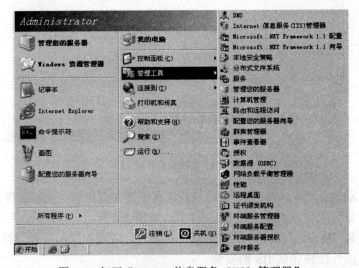

图 5-8 打开"Internet 信息服务（IIS）管理器"

五、学习反思

1. 关于任务实现步骤

（1）如果服务器开着且没有锁定，登录服务器那步就可以省略。

（2）在配置应用程序服务器选项时，两项都没选是因为在这里测试的网页都是静态网页。此对话框提示用户默认情况下安装 IIS 时会配套安装 COM＋，ASP.NET 和 Microsoft.NET Framework。在此，可以选择是否安装 FrontPage Server Extension，它是一种可以发布 FrontPage、Visual Studio 和 Web 文件夹内容的 Web 服务器扩展，以及是否启用 ASP.NET 架构。如果需要使用.net 功能（如浏览.aspx 类型网页），则需勾选"启用 ASP.NET"。

（3）在系统自动进行 IIS 安装与配置过程中需要提供相关安装文件，本任务中使用的是已经复制到硬盘 D:\I386 目录中的文件。通常情况下，在安装 IIS 之前就插入 Windows Server 2003 的安装光盘，就不会弹出如图 5-6 所示的对话框。在"文件复制来源"文本框中可以输入或通过单击"浏览"按钮选择文件源路径。

2. 关于完成这个任务的策略

安装 IIS 过程比较简单，首先需要注意的是 IIS 服务需要安装在分区格式为 NTFS 的驱动器上，因为 NTFS 相对于 FAT 文件系统是更强大、更安全的文件系统，它对于服务器上文件的保密性和安全性有着重要的意义。其次在安装过程中要根据实际需求选择安装的组件。这要求用户在安装 IIS 之前，应明白安装 IIS 的目的以及使用 IIS 提供什么服务。最后在安装过程中需要提供相关安装文件，用户一定要清楚安装源路径，否则安装无法完成。

六、知识拓展

1. IIS 的其他安装方式

（1）将 Windows Server 2003 的安装盘放入光驱中，单击"开始"→"控制面板"→"添加或删除程序"，打开"添加或删除程序"窗口，如图 5-9 所示。单击"添加/删除 Windows 组件"按钮。

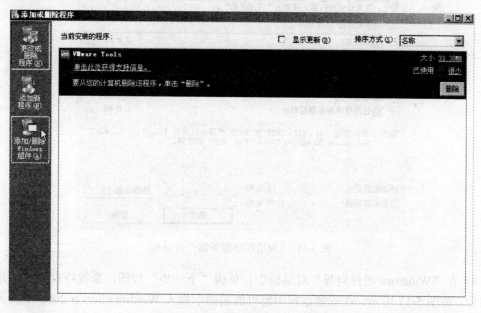

图 5-9 "添加或删除程序"对话框

（2）搜索已安装的 Windows 组件后，弹出"Windows 组件向导"对话框，如图 5-10 所示。从"组件"列表框中，单击"应用程序服务器"，然后单击"详细信息"。

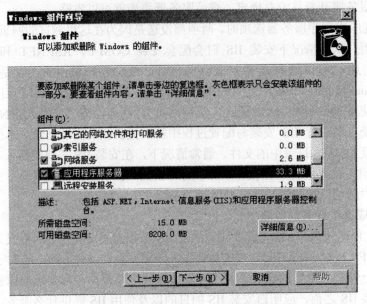

图 5-10 "Windows 组件向导"对话框

（3）弹出"应用程序服务器"对话框，如图 5-11 所示。从"应用程序服务器的子组件"列表框中，单击"Internet 信息服务（IIS）"，然后单击"确定"按钮回到"Windows 组件向导"对话框中。

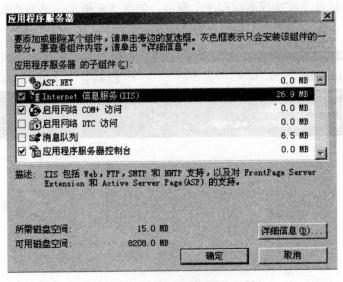

图 5-11 "应用程序服务器"对话框

（4）在"Windows 组件向导"对话框中，单击"下一步"按钮，系统将自动安装并配置 IIS 服务，如图 5-12 所示。在安装过程中您可能被提示插入 Windows Server 2003 安装光盘或输入网络安装路径，将安装源文件定位到光盘中 I386 文件夹。

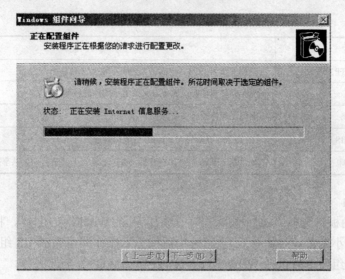

图 5-12 "正在配置组件"对话框

（5）弹出"完成 Windows 组件向导"对话框，单击"完成"按钮。如图 5-13 所示。

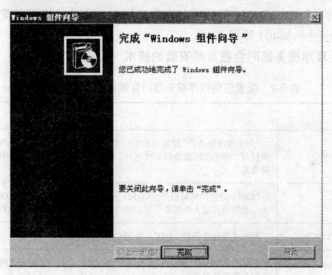

图 5-13 "完成 Windows 组件向导"对话框

2. IIS 的版本

IIS 是由微软公司提供的基于运行 Microsoft Windows 的互联网基本服务。IIS 内置在 Windows Server 2003 中的版本是 IIS 6.0。IIS 6.0 是功能完备的 Web 服务器，它为.NET 和现有的 Web 应用程序和 Web 服务提供基础结构。

3. IIS 的主要组件和功能（见表 5-1）

表 5-1　IIS 的主要组件和功能

组件名称	功　　能
万维网（WWW）服务	使用 HTTP 协议向客户提供信息浏览服务

续表

组件名称	功　　能
文件传输协议（FTP）服务	使用 FTP 协议向客户提供上传和下载文件的服务
SMTP Service	简单邮件传输协议服务，支持电子邮件的传输
NNTP 服务	网络新闻传输协议服务
Internet 信息服务（IIS）管理器	IIS 的管理界面的 Microsoft 管理控制台管理单元
Internet 打印	提供基于 Web 的打印机管理，并能够通过 HTTP 打印到共享打印机

4. IIS 的添加

进入"控制面板"选择"添加/删除程序→添加/删除 Windows 组件"，将"Internet 信息服务（IIS）"前的小钩去掉（如有），重新选中后按提示操作即可完成 IIS 组件的添加。用这种方法添加的 IIS 组件中将包括 Web、FTP、NNTP 和 SMTP 等全部服务。

5. Web 服务扩展

在默认情况下，IIS 只为静态内容提供服务，不会编译、执行或提交任何动态页面。对于 ASP、ASP.NET、通用网关接口（CGI）、Internet 服务器应用程序编程接口（ISAPI）以及 Web 分布式创作和版本控制（WebDAV）等功能只有在启用时才工作。如果在安装 IIS 之后未启用该功能，则 IIS 将返回一个 404 错误。

6. 在配置应用程序服务器时会被自动安装的技术（见表 5-2）

表 5-2　配置应用程序服务器时会被自动安装的技术

技术名称	注　　释
应用程序服务器控制台	"应用程序服务器"控制台提供一个集中位置，从该位置可对 Web 应用程序进行管理。要打开"应用程序服务器"控制台，请在"管理您的服务器"中单击"管理此应用程序服务器"
COM＋	COM＋是组件对象模型（COM）的扩展。COM＋构建在 COM 的集成服务和功能之上，更便于开发人员借助任何工具，创建和使用任何语言的软件组件
分布式事务协调器（DTC）	分布式事务协调器（DTC）协调 COM＋事务
确定是否要安装 FrontPage Server Extension	FrontPage Server Extension 使客户端计算机上的用户可通过网络以远程方式在服务器上发布和管理网站
确定是否要在服务器上运行 ASP.NET 应用程序	ASP.NET 是统一的 Web 开发平台，为开发人员提供了生成企业级 Web 应用程序所必需的服务。可以启用 ASP.NET 以开发 Web 应用程序

7. 目前可以做 Web 服务器的两大流行软件

其一是前面介绍的在 Windows 系统中使用 IIS 的 Web 服务器；其二是 Apache 服务器。

Apache 是世界上使用最多的 Web 服务器，市场占有率达 60%左右。世界上很多著名的网站都是 Apache 的产物，其成功之处主要在于它的源代码开放、有一支开放的开发队伍、支持跨平台的应用（可以运行在几乎所有的 Unix、Windows、Linux 系统平台上）以及它的可移植性等方面。

七、能力评价

序号	评 价 内 容	评 价 结 果			
		优秀	良好	通过	加油
		能灵活运用	能掌握 80% 以上	能掌握 60% 以上	其他
1	能说出 IIS 包含的主要服务				
2	能根据本项目需要安装 IIS				

任务三 创建并管理网站

一、任务描述

夏侯仲秋已经安装了 IIS，搭建好了 Web 服务器，现在要在服务器上创建和管理灵岩佳美服饰有限公司主页网站、财务部、设计部、人事部、销售部和生产部的网站。

二、知识准备

（1）虚拟主机是使用特殊的软硬件技术，把一台运行在因特网上的服务器主机分成一台台"虚拟"的主机。每一台虚拟主机都具有独立的域名或 IP 地址，具有完整的 Internet 服务器（WWW、FTP、E-mail 等）功能。虚拟主机之间完全独立，并可由用户自行管理。在外界看来，每一台虚拟主机和一台独立的主机完全一样。用户访问虚拟主机主要有三项内容：域名、IP 地址和端口号。

（2）TCP 端口：指派运行 Web 服务的 TCP 端口，默认值是端口 80。使用默认值，方便用户访问，否则需要输入指定的端口地址。

（3）主机头（又称为域名或主机名）允许在 Web 服务器上将多个站点分配给一个 IP 地址。也就是用一个 IP 地址绑定多个域名，但每个域名对应的网站都能正常访问。

三、任务分析

由于灵岩佳美服饰有限公司只配置了一台服务器（网管中心），夏侯仲秋要在这台服务器上实现多个网站的发布，需要创建虚拟主机。这里采用相同的 IP 地址（192.168.71.2）和 TCP 端口（80），针对不同的网站，使用不同的主机头访问，这需要完成以下操作。

（1）主机头需要 DNS 解析，需要配置 DNS 服务器，如图 5-14 所示（配置 DNS 服务器请参见第二单元任务二）。

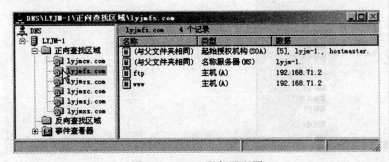

图 5-14 DNS 服务器配置

（2）创建并管理网站，依次完成主页网站、财务部、设计部、人事部、销售部和生产部网站的创建，这需要完成以下操作：

① 打开 Internet 信息服务（IIS）管理器；

② 删除默认网站；

③ 新建网站；

④ 设置网站 IP 地址、端口号和主机头；

⑤ 输入网站主目录的路径；

⑥ 设置权限，完成网站创建；

⑦ 设置默认内容文档；

⑧ 查看并测试在浏览器的地址栏中输入网站的地址，访问并查看网站是否成功发布。

四、任务实现

1. 创建主页网站以及相关配置

（1）单击"开始→管理工具→Internet 信息服务（IIS）管理器"，打开"Internet 信息服务（IIS）管理器"窗口，如图 5-15 所示。

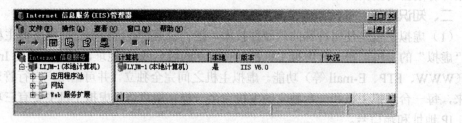

图 5-15 "Internet 信息服务（IIS）管理器"窗口

（2）在"Internet 信息服务（IIS）管理器"窗口中，打开"网站"，右击"默认网站"文件夹，在弹出的快捷菜单中选择"删除"，如图 5-16 所示。

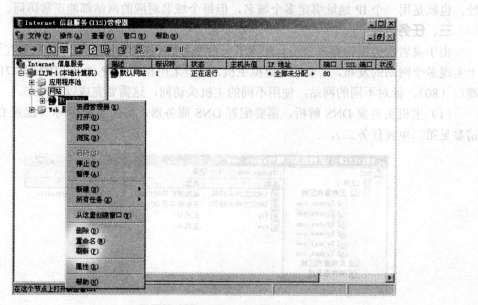

图 5-16 删除"默认网站"

注：删除默认网站时会弹出提示，如图 5-17 所示。单击"是"，才能删除默认网站。

图 5-17 IIS 管理器

（3）在"Internet 信息服务（IIS）管理器"窗口中，右击"网站"文件夹，在弹出的快捷菜单中选择"新建"，然后单击"网站"，如图 5-18 所示。

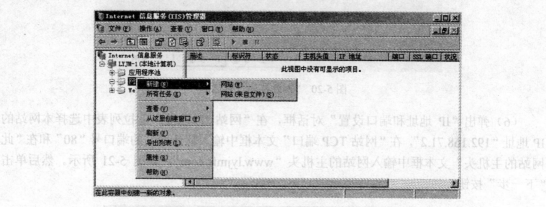

图 5-18 新建网站

（4）弹出"网站创建向导"对话框，如图 5-19 所示。单击"下一步"按钮。

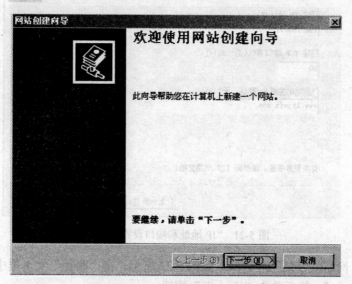

图 5-19 "网站创建向导"对话框

（5）弹出"网站描述"对话框，如图 5-20 所示。在"描述"文本框中，输入网站的描述"灵岩佳美服饰有限公司主页"，输入完成后单击"下一步"按钮。

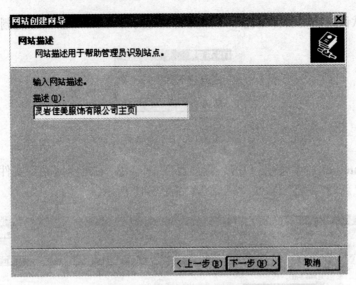

图 5-20 "网站描述"对话框

（6）弹出"IP 地址和端口设置"对话框，在"网站 IP 地址"下拉列表中选择本网站的 IP 地址"192.168.71.2"，在"网站 TCP 端口"文本框中输入默认网站的端口号"80"和在"此 网站的主机头"文本框中输入网站的主机头"www.lyjmfs.com"，如图 5-21 所示。然后单击 "下一步"按钮。

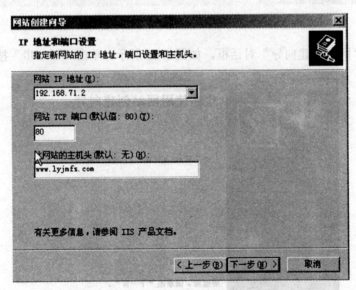

图 5-21 "IP 地址和端口设置"对话框

（7）弹出"网站主目录"对话框，如图 5-22 所示。在"路径"文本框中输入网站主目录 的路径"D:\website"，然后单击"下一步"按钮。

（8）弹出"网站访问权限"对话框，如图 5-23 所示。单击"下一步"按钮。

（9）弹出"已成功完成网站创建向导"对话框，如图 5-24 所示。单击"完成"按钮关闭 向导，完成网站的创建。

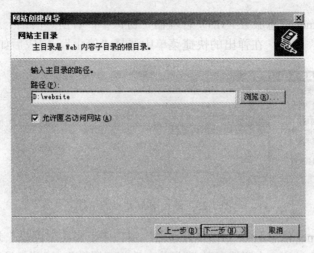

图 5-22 "网站主目录"对话框

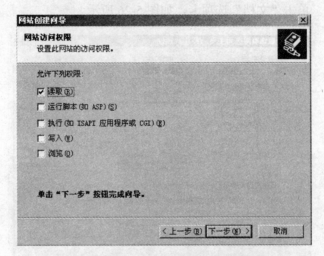

图 5-23 "网站访问权限"对话框

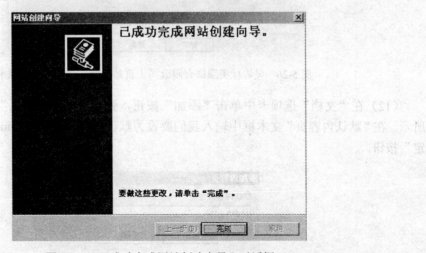

图 5-24 "已成功完成网站创建向导"对话框

（10）在"Internet 信息服务（IIS）管理器"窗口中，右击"网站"选项中的"灵岩佳美服饰有限公司主页"站点，在弹出的快捷菜单中选择"停止"，完成后如图 5-25 所示。

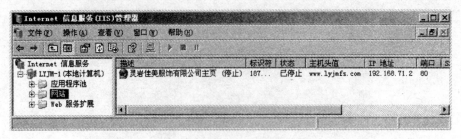

图 5-25　停止 web 站点的运行

（11）在"Internet 信息服务（IIS）管理器"窗口中，右击"网站"选项中的"灵岩佳美服饰有限公司主页"站点，在弹出的快捷菜单中选择"属性"，打开"灵岩佳美服饰有限公司主页属性"对话框。单击"文档"选项卡，如图 5-26 所示。

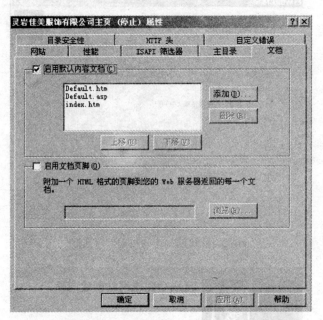

图 5-26　灵岩佳美服饰有限公司主页站点属性"文档"选项卡

（12）在"文档"选项卡中单击"添加"按钮，弹出"添加内容页"对话框，如图 5-27 所示。在"默认内容页"文本框中输入我们要设为默认主页的文档名"index.html"，单击"确定"按钮。

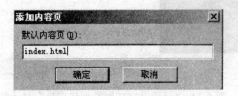

图 5-27　"添加内容页"对话框

（13）在"文档"选项卡中，单击"上移"按钮，将"index.html"上移到第一位，如图 5-28 所示。设置完成后，单击"确定"按钮。

图 5-28 设置默认内容文档最先查询 index.html 文件

（14）在"Internet 信息服务（IIS）管理器"窗口中，右击"网站"选项中的"灵岩佳美服饰有限公司主页"站点，在弹出的快捷菜单中选择"启动"，重新开启"灵岩佳美服饰有限公司主页"站点，如图 5-29 所示。

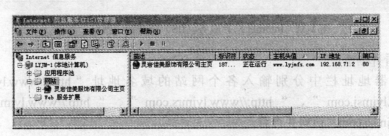

图 5-29 启动 Web 站点的运行

（15）测试，在浏览器的地址栏中输入"http://www.lyjmfs.com"，即可访问，如图 5-30 所示。

图 5-30 测试 Web 站点

2. 创建其他站点以及相关配置

（1）按以上步骤（4～15）参照表5-3依次完成财务部、设计部、人事部、销售部和生产部网站的创建。

表5-3　网站信息

网站名称	网站描述	IP 地址	主机头值	端口号	主目录	默认主页的文档名
财务部	财务部	192.168.71.2	www.lyjmcw.com	80	D:\website\cw	Index.html
设计部	设计部	192.168.71.2	www.lyjmsj.com	80	D:\website\sj	Index.html
人事部	人事部	192.168.71.2	www.lyjmrs.com	80	D:\website\rs	Index.html
销售部	销售部	192.168.71.2	www.lyjmxs.com	80	D:\website\xs	Index.html
生产部	生产部	192.168.71.2	www.lyjmsc.com	80	D:\website\sc	Index.html

（2）网站创建完成效果，如图5-31所示。

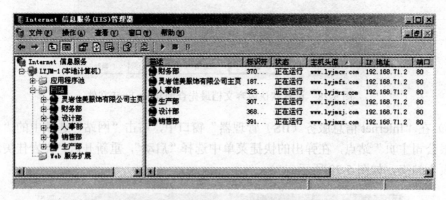

图5-31　Internet 信息服务（IIS）管理器"网站"选项

（3）查看并测试。

在浏览器地址栏中分别输入各个网站的域名地址"http://www.lyjmcw.com"、"http://www.lyjmsj.com"、"http://www.lyjmrs.com"、"http://www.lyjmxs.com"和 http://www.lyjmsc.com，访问并查看。

五、学习反思

（1）当需要在一台服务器上实现多种网络服务时，就需要为相应服务创建虚拟主机。安装并配置相应服务的过程，就是创建虚拟主机的过程。比如，本项目的整体方案就要求，网管中心的服务器同时是 DNS、DC、WEB、FTP 等，在 Web 服务方面又要实现公司主页、财务部、设计部、人事部、销售部和生产部等六个网站。这就相当于，九台虚拟主机共用一台物理服务器。这样处理尽管可以节省资源，但同时也降低了性能。在对性能没有太高要求的情况下，这种策略是可行的。

（2）在创建 Web 站点时先将安装 IIS 时自动生成的默认网站删除或停止，是为了释放"默认网站"所使用的80端口，避免新建的 Web 站点使用默认80端口号与默认网站所使用的80端口号产生冲突，造成新建网站时出错。

（3）主目录是存放 Web 网站网页文件的根目录，在设置网站主目录时在"路径"框中键入或通过"浏览"按钮指到网站主目录所处的位置。站点的主目录中通常包含有主页。

（4）设置用户对网站资源访问权限时，默认只有"读取"权限被选中，出于安全性考虑，无特殊要求不要修改该选项。

（5）新建完一个网站后，往往需要对该网站的高级属性进行设置。在更改网站的属性前，应先停止要修改网站的运行，修改完成后必须启动才能运行；也可以先修改完网站的属性，后停止、再启动该网站，这样是为了更好地保护网站信息的一致性。

（6）新建网站的主页文档如 index.html 设置为默认内容文档，而且上移到第一位，是因为当用户访问网站时，IIS 在网站的根目录下搜索主页文件的顺序和"文档"选项卡中默认内容文档自上而下的排列顺序一致。如本任务中网站的主页文件为 index.html，而网站根目录下必须同时存在 index.html 文件。只有这样当用户浏览网站时，IIS 才能正确将用户引导至网站主页。

（7）在创建其他部门网站时，仅仅是主机头与主目录不同，其他步骤与主页网站设置一致。

六、知识拓展

（1）创建虚拟主机提供 Web 服务的三种方式：

◆ 使用不同的 IP 地址；

◆ 使用相同的 IP 地址、不同的 TCP 端口号；

◆ 使用相同的 IP 地址和 TCP 端口、不同的主机头。

第一种方式是在同一台服务器上给每个网站分配不同的 IP 地址。采用这种方式的缺点，一是与仅使用主机头相比降低了性能，万维网发布服务（WWW 服务）必须为每个由唯一 IP 地址标识的站点提供管理，因此要从非页面缓冲池中消耗内存；二是由于公共 IP 地址短缺，获取大量的静态 IP 地址比较困难。通常这种方式主要用于标识宿主安全套接层（Secure Sockets Layer，SSL）或传输层安全（Transport Layer Security，TLS）服务的服务器上的多个站点。安全套接层（SSL）及其新继任者传输层安全（TLS）是在网络上提供保密安全信道的加密协议，为诸如网站、电子邮件、网上传真等数据传输进行保密。

第二种方式是在同一台服务器上给每个网站分配相同的 IP 地址、不同的端口号。采用这种方法的缺点，一是用户无法通过标准名或 URL 来访问站点，而且用户必须知道指派给网站的非标准 TCP 端口号，以及在其 Web 浏览器地址栏中附加网站的名称或 IP 地址。例如，如果在创建灵岩佳美服饰有限公司主页网站时使用 IP 地址 192.168.71.2，并指派非标准 TCP 端口 8080，若用户想访问的话，必须在浏览器地址栏中输入 http://192.168.71.2：8080 才能浏览该站点。二是管理员要打开服务器或防火墙上的非标准端口，加重了基于 TCP/IP 安全性攻击的隐患。因此，这种方法通常不推荐使用，可用于开发和测试目的，但是很少用于 Web 服务器。

第三种方式是在同一台服务器上给每个网站分配相同的 IP 地址和端口号、不同主机头。采用这种方法的优点：一是在同一台服务器上可以宿主多个站点而无须给每个站点指派唯一的 IP 地址；二是对实际用户透明，用户只需记住网站的域名，简单方便；三是与指派给每个站点唯一 IP 地址相比有更好的性能。因此，在多数情况下推荐使用这种方法。

（2）默认文档指 Web 服务器在接收到未指定文件名的统一资源定位器（URL）请求时发送的文件。有时也称为"默认主页"。一般情况下，默认文档都被设置为该网站的主页或某个索引页。默认内容文档的作用是简便用户的输入，使用户不必在浏览器中输入网站主页的文件名就能访问该网站。例如，网站 www.lyjmfs.com 将默认主页设置为 index.html，那么，用户在浏览器中输入 www.lyjmfs.com 时，IIS 会自动将页面转换到默认文档 www.lyjmfs.com/index.html。常见的主页文件名有 index.htm、index.html、index.asp、default.htm、default.html、default.asp 等。

（3）匿名访问是一种常见的网站访问控制方法，它允许任何用户不需要输入账号和密码就能访问网站公共部分。在 IIS 6.0 中，给匿名用户分配"IUSR_计算机名"账户，该账户是有效的 Windows 账户并且是 Guests 组的成员。可以在计算机或域上定义"IUSR_计算机名"账户。

默认情况下，Web 服务器允许所有用户使用匿名账户登录。在安装 IIS 期间，服务器将创建一个称为"IUSR_计算机名"的特殊匿名用户账户。例如，如果计算机名为"LYJM-1"，则匿名账户名称为"IUSR_LYJM-1"。服务器上的每个网站都可以使用相同或不同的匿名用户登录账户。

（4）关于网站测试。

① 网站测试有时会出现如图 5-32 所示的错误提示。

解决方法：

单击菜单"工具"→"Internet 选项"，在弹出的"Internet 选项"对话框中，单击"安全"选项卡，单击"自定义级别"按钮，弹出"安全设置"对话框，在"重置为"下拉列表中选择"安全级"→"中低"，如图 5-33 所示。

图 5-32　Internet Explorer 错误提示

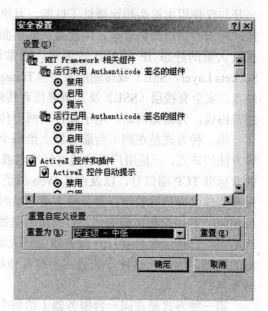

图 5-33　"安全设置"对话框

② 网站测试时还可能会出现如图 5-34 所示的错误提示，这主要是因为网站主目录的权限不够或者是指定的默认文档不存在。

解决方法：

● 解决默认文档不存在问题，修改网站属性中的文档属性，添加我们要设为默认主页的文档名 index.html（请参考步骤 12~14）。

● 解决权限不够的问题，只需为目录增加 IIS 的匿名用户的访问权限即可。在默认情况下，服务器会创建匿名访问 Internet 信息服务的内置账号"IUSR_LYJM-1"，当所有客户端使用网站的域名地址或 IP 地址访问时，都是以这个身份来访问的。

在"Internet 信息服务（IIS）管理器"窗口中，打开"网站"，右击"灵岩佳美服饰有限公司主页"，在弹出的快捷菜单中选择"权限"，打开"D:\website"对话框，如图 5-35 所示。

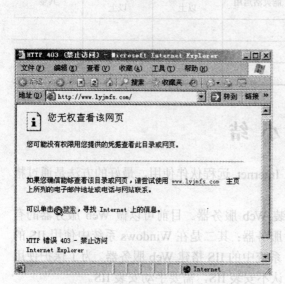

图 5-34　http 错误 403—禁止访问

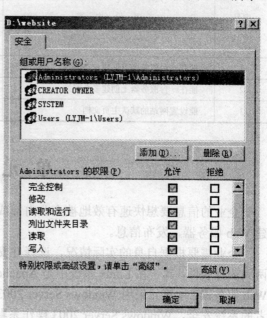

图 5-35　"D:\website"对话框

在"安全"选项卡中，单击"添加"按钮，打开"选择用户和组"对话框，在"选择用户和组"对话框中，单击"高级"按钮，如图 5-36 所示。

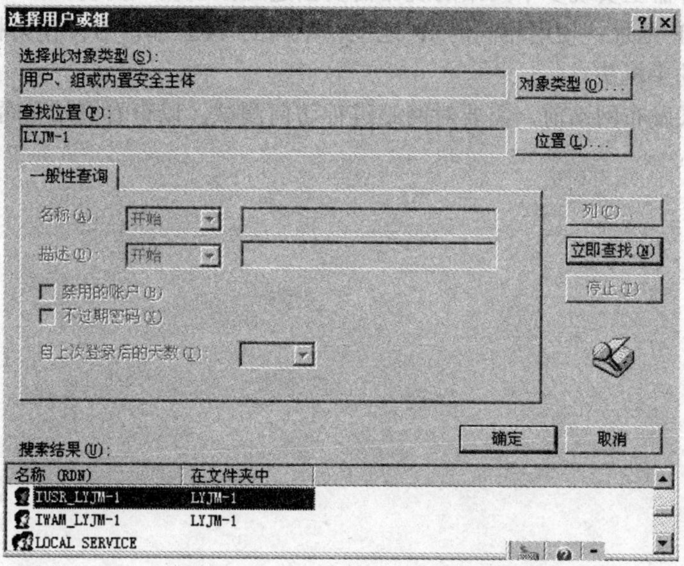

图 5-36　"选择用户和组"对话框

在"选择用户和组"对话框中，单击"立即查找"按钮，选择用户"IUSR_LYJM-1"，完成后单击两次"确定"按钮即可。

七、能力评价

序号	评 价 内 容	评 价 结 果			
		优秀	良好	通过	加油
		能灵活运用	能掌握80%以上	能掌握60%以上	其他
1	能在一台服务器上创建一个网站				
2	能在一台服务器上创建多个网站				
3	能设置网站的默认主页文档				

单 元 小 结

企业的信息要想快速有效地被企业内部或 Internet 远程伙伴使用，最好的方法是通过搭建 Web 服务器，发布信息。

企业需要根据自身的实际情况，选择并安装 Web 服务器。目前可以做 Web 服务器的有两大流行软件，其一在 Linux 系统中是 Apache 服务器；其二是在 Windows 系统中使用 IIS 的 Web 服务器。本单元采用 Windows Server 2003 系统中的 IIS 搭建 Web 服务器。为了保护使用者的系统安全，Windows Server 2003 操作系默认不安装 IIS，需要手动安装 IIS。

在安装完 IIS 后，可以在服务器上创建并管理网站。为了节约硬件资源、节省空间和降低能源成本，通常可以选择在一台服务器上创建并发布多个网站。创建网站前一要确定网站的基本信息，如网站的 IP 地址、域名、端口号、主目录和权限等；二要确定创建网站采取的策略。在一台服务器上实现多个网站的发布需要创建虚拟主机。实现虚拟主机一般有三种方式：使用不同的 IP 地址；使用相同的 IP 地址、不同的 TCP 端口号；使用相同的 IP 地址和 TCP 端口、不同的主机头。

最后，在正式发布网站前，需要对网站进行访问测试，以查看网站是否配置正确，能否成功发布。

第六单元

搭建 FTP 服务器

任务一　项目说明及方案讨论

一、项目阐述

为了方便日常工作，灵岩佳美服饰有限公司要在局域网中网管中心搭建一台 FTP 服务器，供公司员工上传和下载文件，以便进行资源共享。

二、知识准备

FTP（File Transfer Protocol，文件传输协议）主要用于不同计算机之间进行文件传输。它几乎可以传送任何类型的文件，如文本文件、二进制文件、声音文件和图像文件等。只要两台计算机加入网络并支持 FTP 协议，它们之间就可以传送文件。FTP 是互联网上最早和最重要的网络服务之一。

FTP 采用客户机/服务器工作方式，通常用户将自己所使用的计算机作为客户机，FTP 服务器则是在网络上提供存储空间的计算机，它们依照 FTP 协议提供服务。用户通过一个支持 FTP 协议的客户机程序，连接到在远程主机上的 FTP 服务器程序。用户通过客户机程序向服务器程序发出请求，服务器程序执行用户所发出的请求，并将执行的结果返回到客户机。

利用 FTP 可以给用户提供上传和下载文件的服务。上传指的是将本地主机的文件传送到服务器。下载指的是将服务器的文件传送到本地主机。

三、方案描述

夏侯仲秋要搭建的 FTP 服务器的域名为 ftp.lyjmfs.com，IP 地址为 192.168.71.2，端口采用默认 21 端口。这台 FTP 服务器可以匿名访问，公司员工可以上传和下载文件。完成这个项目需要以下三个步骤。

1. 安装 FTP 服务

网管中心的服务器上已经安装好了 IIS，尽管 IIS 中包含了可用于发布和管理文件的文件传输协议（FTP），但是在安装 IIS 时并不默认安装 FTP 服务。要想创建 FTP 站点，必须手动安装 FTP 服务。

2. 创建、访问并管理 FTP 站点

成功安装 FTP 服务后，就可以在服务器上创建 FTP 站点，进行访问和管理。

3. 配置 DNS 服务器

FTP 服务器搭建完成后，需要配置 DNS 服务器以完成域名和 IP 地址的解析（域名为 ftp.lyjmfs.com，IP 地址为 192.168.71.2），方能使用域名正常访问，如图 6-1 所示。（配置 DNS 服务器请参见第二单元任务二）

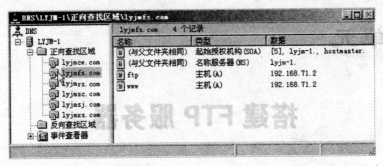

图 6-1　DNS 服务器配置

四、分组讨论

1. 什么是 FTP 服务器，FTP 服务器有哪些功能？

2. FTP 服务器的工作过程是什么？

3. 所要创建的 FTP 站点的 IP 地址、域名、端口号、权限和登录方式是什么？

五、学习反思

利用电子邮件可以传送文件，但通常对文件的大小是有限制的。这与内部 FTP 不同，内部 FTP 允许不限制文件的大小，当然可以限制用户使用空间的大小。因此，大多数的数据文件还是通过 FTP 方式传送。在地理位置上，不管两台计算机相距多远，只要它们都联入 Internet 并且支持 FTP 协议，一台计算机就可以把它的文件传送到另一台计算机上，而且文件的大小、类型不限。由于 FTP 服务是 IIS 中的一个组件，但在安装 IIS 时并不默认安装 FTP 服务，要想创建 FTP 站点首先必须通过控制面板安装 FTP 服务。成功安装后，新建 FTP 站点，此时一定要熟悉所建站点的基本信息，如站点的 IP 地址、域名、端口号、权限等。待站点创建完成进行访问测试，执行文件的上传和下载，以检测 FTP 站点是否创建成功。

六、能力评价

序号	评 价 内 容	评 价 结 果			
		优秀	良好	通过	加油
		能灵活运用	能掌握 80% 以上	能掌握 60% 以上	其他
1	能说出 FTP 服务的含义和功能				
2	能说出 FTP 服务的工作过程				
3	能说出这里要创建 FTP 站点的基本信息如 IP 地址、域名、端口号、权限等				

任务二　安装 FTP 服务

一、任务描述

夏侯仲秋已通过前面的工作安装好了 IIS，接下来需要安装 FTP 服务。

二、知识准备

IIS 6.0 提供的 FTP 服务主要有以下几个方面。

（1）FTP 服务器：它给客户提供访问一个目录结构的网络访问权，所赋予的访问权限有读（允许用户下载文件）、写（允许用户上载文件）等。用户只能查看管理员指定的那些目录内容。

（2）主目录：服务器上的一个实际目录。当用户在 FTP 站点内浏览时，FTP 把没有指定具体目录的客户认为是读取主目录信息。目录列表显示式样有 UNIX 式样、MSDOS 式样。其中 UNIX 式样显示更为详细的内容。

（3）虚拟目录：如果站点包含的文件位于与主目录不同的磁盘路径上，或在其他计算机上，就必须创建虚拟目录将这些文件包含在 FTP 站点中。要使用其他计算机上的目录，必须指定该目录的通用命名约定（UNC）名称，虚拟目录也可以在主目录所位于的同一台服务器上。

（4）匿名用户：IIS 6.0 的 FTP 服务器可以提供匿名服务，账户名为 Anonymous。用户可以利用这个账户访问 FTP 服务器，得到有限的服务。

三、任务分析

FTP 服务是 IIS 中的一个组件，但是在安装 IIS 时并不默认安装 FTP 服务，所以要想创建 FTP 站点，首先必须手动安装 FTP 服务。FTP 服务安装步骤如下。

（1）插入 Window Server 2003 的安装盘。

（2）打开"控制面板"，选择"添加/删除程序→添加/删除 Windows 组件"。

（3）在弹出的"Windows 组件向导"对话框的"组件"列表框中，选择"应用程序服务器"后单击"详细信息"。

（4）在弹出"应用程序服务器"对话框中的"应用程序服务器的子组件"列表框中，选择"Internet 信息服务（IIS）"后单击"详细信息"。

（5）在弹出"Internet 信息服务（IIS）"对话框中的"Internet 信息服务的子组件"列表框中，选中"文件传输协议（FTP）服务"复选框。

（6）单击两次"确定"按钮返回到"Windows 组件向导"对话框中，单击"下一步"按钮，系统将自动安装并配置 FTP 服务。

（7）在弹出"完成 Windows 组件向导"对话框中单击"完成"按钮。

四、任务实现

（1）安装 FTP 服务需要以管理员的身份登录到服务器，本服务器的用户名是 Administrator，密码是 ab123.com。

（2）插入 Windows Server 2003 的安装盘，单击"开始"→"控制面板"→"添加或删除程序"，打开"添加或删除程序"窗口，如图 6-2 所示。单击"添加/删除 Windows 组件"按钮。

（3）搜索已安装的 Windows 组件后，弹出"Windows 组件向导"对话框，如图 6-3 所示。从"组件"列表框中，单击"应用程序服务器"，然后单击"详细信息"。

（4）弹出"应用程序服务器"对话框，如图 6-4 所示。从"应用程序服务器的子组件"列表框中，单击"Internet 信息服务（IIS）"，然后单击"详细信息"。

（5）弹出"Internet 信息服务（IIS）"对话框，如图 6-5 所示。从"Internet 信息服务的子组件"列表框中，选中"文件传输协议（FTP）服务"复选框。单击两次"确定"按钮回到"Windows 组件向导"对话框中。

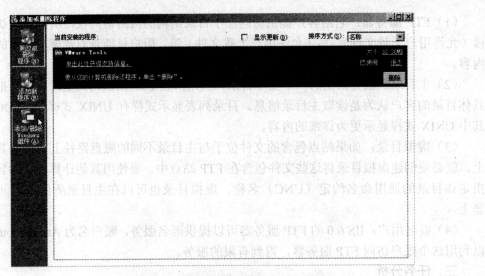

图 6-2 "添加或删除程序"窗口

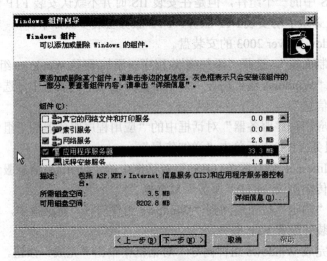

图 6-3 "Windows 组件向导"对话框

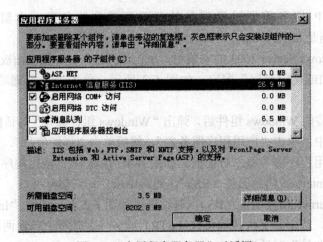

图 6-4 "应用程序服务器"对话框

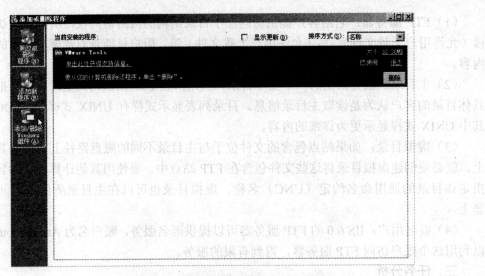

图 6-2 "添加或删除程序"窗口

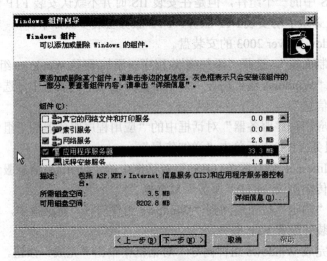

图 6-3 "Windows 组件向导"对话框

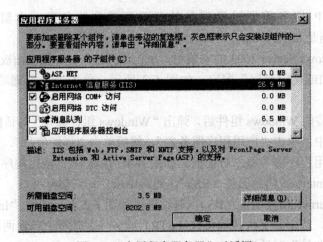

图 6-4 "应用程序服务器"对话框

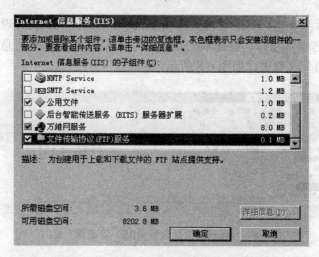

图 6-5 "Internet 信息服务（IIS）"对话框

（6）单击"下一步"按钮，系统将自动安装并配置 FTP 服务。安装过程中需要提供相关安装文件，在安装程序的提示下将安装源路径定位到光盘中的 I386 文件夹。如图 6-6 所示。

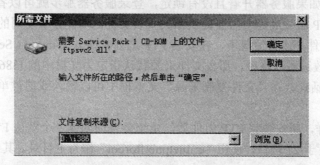

图 6-6 "所需文件"对话框

（7）弹出"完成 Windows 组件向导"对话框，单击"完成"按钮。如图 6-7 所示。

图 6-7 "完成 Windows 组件向导"对话框

（8）安装完成后，单击"开始-管理工具-Internet 信息服务（IIS）管理器"，打开"Internet 信息服务（IIS）管理器"窗口，展开本地计算机，可以看到 Internet 信息服务（IIS）管理器中多了个"FTP 站点"文件夹。如图 6-8 所示。

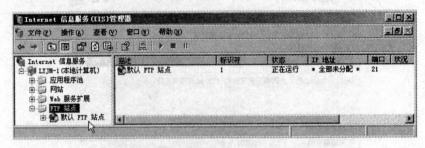

图 6-8 "Internet 信息服务（IIS）管理器"窗口

五、学习反思

关于任务实现步骤，如下所述。

（1）必须是本地计算机上的 Administrators 组的成员或者必须被委派了相应的权限，才能安装 FTP 服务。如果服务器开着且没有锁定，登录服务器那步就可以省略。

（2）在安装 FTP 服务过程中需要提供相关安装文件，本任务中使用的是已经复制到硬盘 D:\I386 目录中的文件。通常情况下，在安装 FTP 之前就插入 Windows Server 2003 的安装光盘，且安装后未更改过磁盘路径，那么文件来源默认指定为光盘中的 I386 路径，就不会弹出如图 6-6 所示的对话框。在"文件复制来源"文本框中可以输入或通过单击"浏览"按钮选择文件源路径。

（3）同 IIS 一样，新安装完 FTP 组件后，系统会自动创建一个默认 FTP 站点，名为"默认 FTP 站点"，运行于 21 端口，使用"c:\Inetpub\ftproot"作为主目录。其中，c:\为系统分区。

六、知识拓展

1. 删除 FTP 服务

同上述安装步骤一样，只需在第五步，将"文件传输协议（FTP）服务"前的小钩去掉，重新勾选后按提示操作即可完成 FTP 服务的删除。FTP 服务删除后，FTP 服务器不能正常访问，但主目录中的文件依然存在。

2. 第三方的 FTP 服务器软件——Serv-U

除了前面介绍的 Windows Server 2003 自带的 FTP 服务器程序之外，还有很多第三方的 FTP 服务器软件，利用这些软件，可以十分方便快捷地创建及管理 FTP 站点。FTP 服务器软件 Serv-U 功能强大，操作简单，广泛应用于建立 FTP 服务器。

Serv-U 是一种被广泛运用的 FTP 服务器端软件，支持 XP/2000/2003/2008//Vista 等全 Windows 系列。可以设定多个 FTP 服务器、限定登录用户的权限、登录主目录及空间大小等，功能非常完备。它具有非常完备的安全特性，支持 SSl FTP 传输，支持在多个 Serv-U 和 FTP 客户端通过 SSL 加密连接保护您的数据安全等。

安装 Serv-U 的操作步骤如下。

（1）双击 Serv-U 安装程序，弹出"选择安装语言"对话框，从下拉列表框中选择"中文（简体）"选项，如图 6-9 所示，单击"确定"按钮。

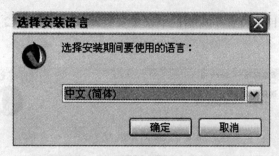

图 6-9 "选择安装语言"对话框

（2）弹出"欢迎安装 Serv-U 安装向导"对话框，如图 6-10 所示，单击"下一步"按钮。

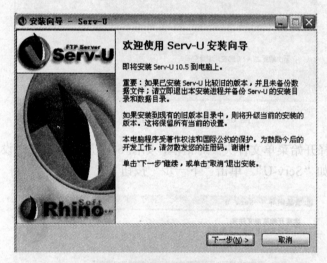

图 6-10 "欢迎安装 Serv-U"对话框

（3）弹出"许可协议"对话框，选中"我接受协议（A）"单选按钮，如图 6-11 所示，单击"下一步"按钮。

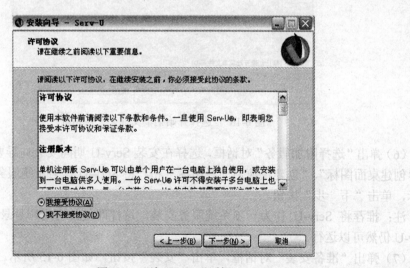

图 6-11 "许可证"对话框

（4）在弹出"选择目标位置"对话框中设置安装路径，如图 6-12 所示，单击"下一步"按钮。

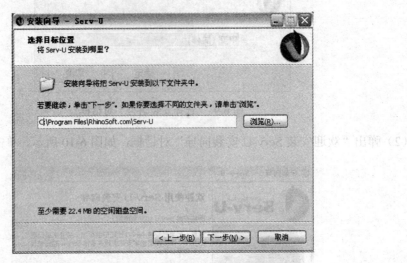

图 6-12 "选择目标位置"对话框

（5）弹出"选择开始菜单文件夹"对话框，如图 6-13 所示。在其中设置开始菜单中所创建文件夹的名称，如"Serv-U"。单击"下一步"按钮。

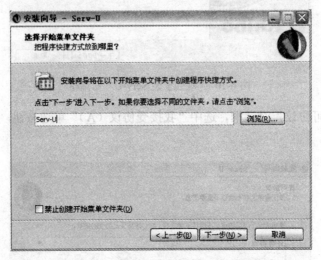

图 6-13 "选择开始菜单文件夹"对话框

（6）弹出"选择附加服务"对话框，选择在安装 Serv-U 期间安装向导要执行的附加任务，如"创建桌面图标"、"创建快速启动栏图标"和"将 Serv-U 作为系统服务安装"，如图 6-14 所示，单击"下一步"按钮。

注：推荐将 Serv-U 作为一项系统服务安装，这样即使没有用户登录到服务器控制台，Serv-U 仍然可以运行。

（7）弹出"准备安装"对话框，单击"安装"按钮，如图 6-15 所示。

（8）系统将自动安装并配置 Serv-U，如图 6-16 所示。

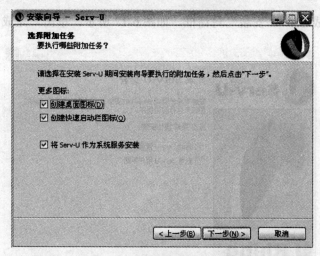

图 6-14　"选择附加服务"对话框

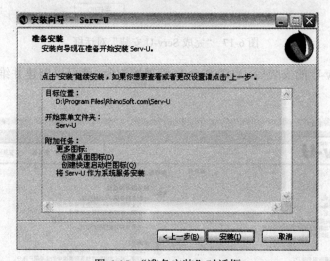

图 6-15　"准备安装"对话框

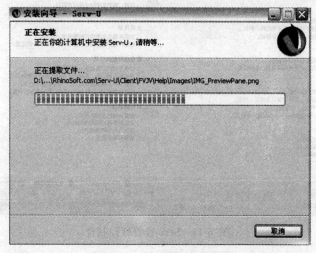

图 6-16　正在安装 Serv-U

（9）弹出"完成 Serv-U 安装"对话框，如图 6-17 所示。单击"完成"按钮。

图 6-17 "完成 Serv-U 安装"对话框

（10）完成 Serv-U 的安装后，启动 Serv-U 管理控制台，就可以创建并维护 FTP 服务器了，如图 6-18 所示。

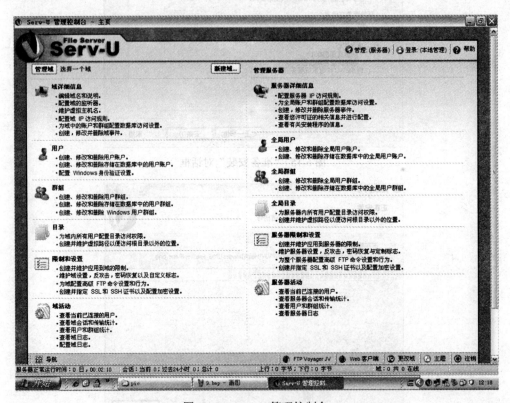

图 6-18 Serv-U 管理控制台

七、能力评价

序号	评 价 内 容	评 价 结 果			
		优秀	良好	通过	加油
		能灵活运用	能掌握 80% 以上	能掌握 60% 以上	其他
1	能说出 IIS 6.0 提供的 FTP 服务主要有哪些				
2	能安装 IIS 中的 FTP 服务				

任务三 创建并管理 FTP 站点

一、任务描述

夏侯仲秋已安装好了 DNS 服务器和 FTP 服务器，接下来需要创建 FTP 站点并管理。

二、知识准备

(1)FTP 服务器的登录方式有授权账户登录和匿名登录两种。授权账户登录指用户在 FTP 服务器上拥有账号，登录时需要输入账号和密码才能访问 FTP 服务器上的资源。匿名登录指用户在 FTP 服务器中没有指定账户，但允许用户不输入账号和密码就能访问 FTP 服务器上的公共资源。

(2)FTP 用户隔离通过将用户限制在自己的 FTP 主目录中，来防止用户访问此 FTP 站点上其他用户的 FTP 主目录。

三、任务分析

1. 新建 FTP 站点

步骤如下：

(1) 打开 Internet 信息服务（IIS）管理器；

(2) 删除默认 FTP 站点；

(3) 新建 FTP 站点；

(4) 设置 FTP 站点的 IP 地址和端口号；

(5) 设置 FTP 用户隔离；

(6) 输入 FTP 站点主目录的路径；

(7) 设置 FTP 站点的访问权限，完成 FTP 站点的创建。

2. 管理 FTP 站点

(1) 设置 FTP 站点的限制连接；

(2) 设置 FTP 站点的消息；

(3) 设置允许匿名用户访问。

3. 访问 FTP 服务器

在浏览器的地址栏中输入 FTP 服务器的地址，执行文件的上传和下载，测试并查看 FTP 服务器是否已正常工作。

四、任务实现

1. 新建 FTP 站点

（1）单击"开始"–"管理工具"–"Internet 信息服务（IIS）管理器"，打开"Internet 信息服务（IIS）管理器"窗口，展开本地计算机，单击"FTP 站点"文件夹，可以看到，IIS 管理器会在安装 FTP 服务的过程中创建一个默认 FTP 站点，端口号为 21。如图 6-19 所示。

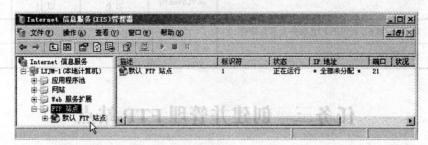

图 6-19 "Internet 信息服务（IIS）管理器"对话框

（2）右击"默认 FTP 站点"，在弹出的快捷菜单中选择"删除"。如图 6-20 所示。

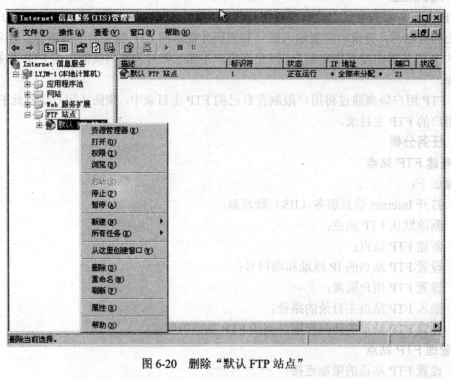

图 6-20 删除"默认 FTP 站点"

（3）在"Internet 信息服务（IIS）管理器"窗口中，右击"FTP 站点"文件夹，在弹出的快捷菜单中选择"新建"，然后单击"FTP 站点"，如图 6-21 所示。

（4）弹出"FTP 站点创建向导"对话框，如图 6-22 所示。单击"下一步"。

（5）弹出"FTP 站点描述"对话框，在"描述"文本框中，输入站点的描述"灵岩佳美服饰有限公司 FTP 站点"，如图 6-23 所示。输入完成后单击"下一步"按钮。

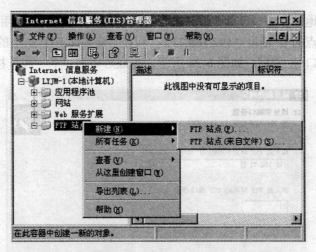

图 6-21　新建 FTP 站点

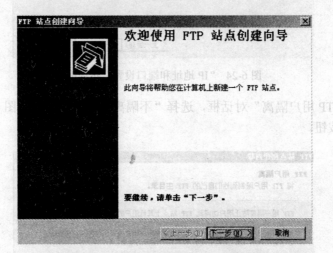

图 6-22　"FTP 站点创建向导"对话框

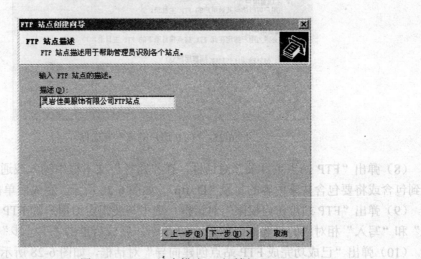

图 6-23　"FTP 站点描述"对话框

（6）弹出"IP 地址和端口设置"对话框，在"输入此 FTP 站点使用的 IP 地址"下拉列表中选择本 FTP 站点的 IP 地址"192.168.71.2"和在"输入此 FTP 站点的 TCP 端口"文本框中输入默认 FTP 端口号"21"，如图 6-24 所示。完成后单击"下一步"按钮。

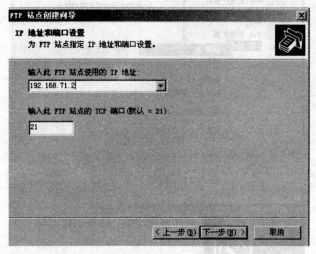

图 6-24 "IP 地址和端口设置"对话框

（7）弹出"FTP 用户隔离"对话框，选择"不隔离用户"选项，如图 6-25 所示。完成后单击"下一步"按钮。

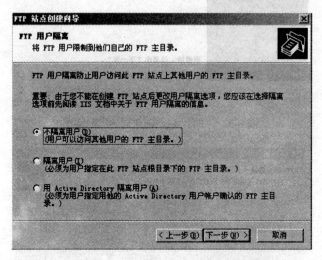

图 6-25 "FTP 用户隔离"对话框

（8）弹出"FTP 站点主目录"对话框，在"路径"文本框中输入或通过"浏览"按钮定位到包含或将要包含共享内容的目录"D:\ftp"，如图 6-26 所示。完成后单击"下一步"按钮。

（9）弹出"FTP 站点访问权限"对话框，选中与要指定给用户的 FTP 站点访问权限"读取"和"写入"相对应的复选框，如图 6-27 所示。完成后单击"下一步"按钮。

（10）弹出"已成功完成 FTP 站点创建向导"对话框，如图 6-28 所示。单击"完成"按钮关闭向导，完成站点的创建。

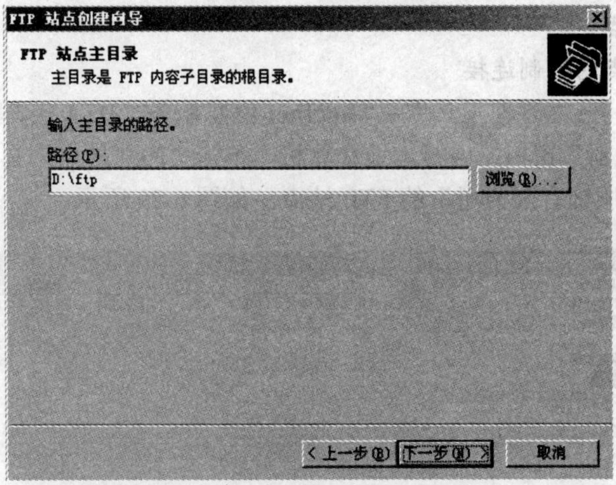

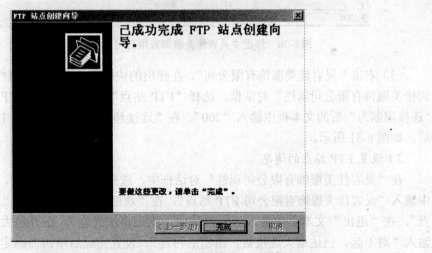

图 6-26 "FTP 站点主目录"对话框

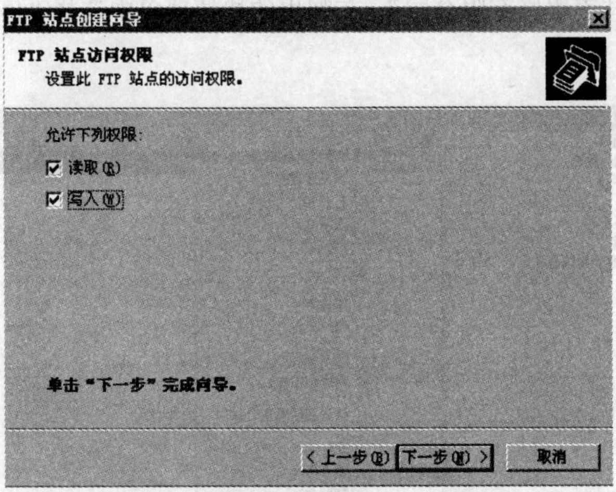

图 6-27 "FTP 站点访问权限"对话框

图 6-28 "已成功完成 FTP 站点创建向导"对话框

2. 管理 FTP 站点

1）设置 FTP 站点的限制连接

（1）单击"开始"–"管理工具"–"Internet 信息服务（IIS）管理器"，打开"Internet 信息服务（IIS）管理器"窗口，展开本地计算机，单击"FTP 站点"文件夹，可以看到，我们创建的"灵岩佳美服饰有限公司"的 FTP 站点。如图 6-29 所示。

图 6-29 "灵岩佳美服饰有限公司"的 FTP 站点

（2）右击"灵岩佳美服饰有限公司"，在弹出的快捷菜单中选择"停止"命令，如图 6-30 所示。

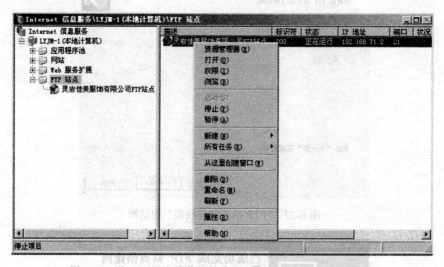

图 6-30 停止"灵岩佳美服饰有限公司"的 FTP 站点的运行

（3）右击"灵岩佳美服饰有限公司"，在弹出的快捷菜单中选择"属性"命令，打开"灵岩佳美服饰有限公司属性"对话框，选择"FTP 站点"选项卡，在"FTP 站点连接"中，在"连接限制为"后的文本框中输入"200"，在"连接超时（秒）"文本框中输入"120"。完成后，如图 6-31 所示。

2）设置 FTP 站点的消息

在"灵岩佳美服饰有限公司属性"对话框中，选择"消息"选项卡，在"标题"文本框中输入"灵岩佳美服饰有限公司 FTP 站点"，在"欢迎"文本框中输入"欢迎登录本 FTP 站点"，在"退出"文本框中输入"谢谢使用，欢迎再次光临"，在"最大连接数"文本框中输入"对不起，已达最大连接数，请稍后再连"。设置完成后单击"确定"按钮。如图 6-32 所示。

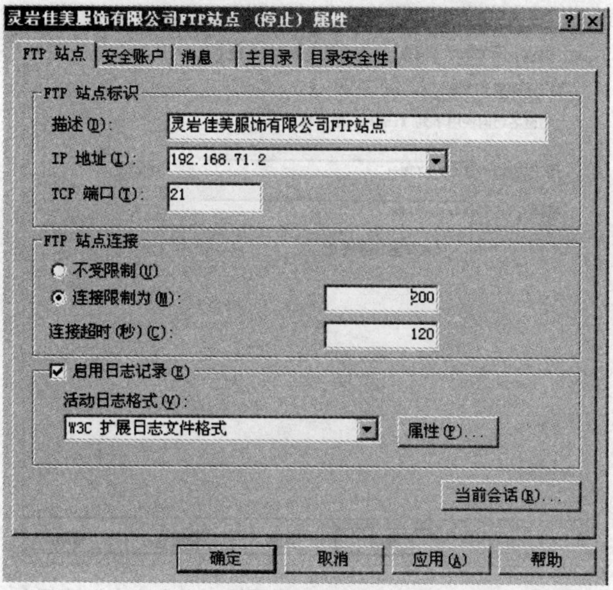

图 6-31 灵岩佳美服饰有限公司属性"FTP 站点"选项卡

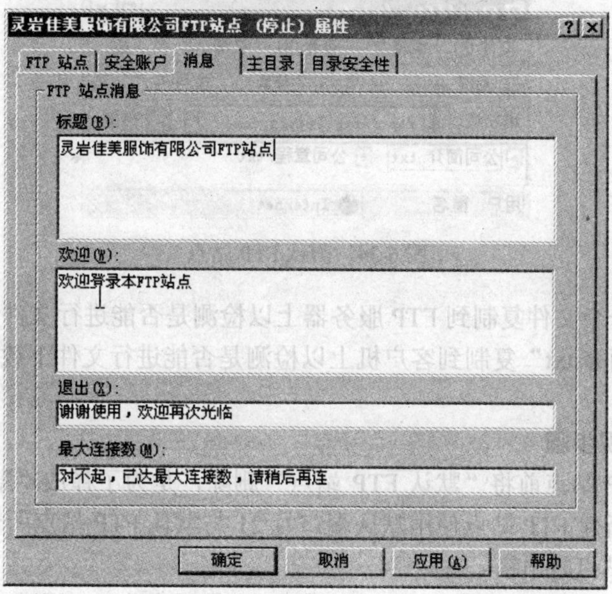

图 6-32 灵岩佳美服饰有限公司属性"消息"选项卡

3）设置允许匿名用户访问

在"灵岩佳美服饰有限公司属性"对话框中，选择"安全账户"选项卡，可以看到，在默认状态下，当前站点为"允许匿名连接"，表示此 FTP 服务器是允许匿名访问的。如图 6-33 所示。

3. 访问 FTP 服务器

在浏览器的地址栏中输入"ftp://ftp.lyjmfs.com"，即可访问，此时，浏览器中就会显示该 FTP 站点下的文件和文件夹，如图 6-34 所示。

图 6-33　灵岩佳美服饰有限公司属性"安全账户"选项卡

图 6-34　测试 FTP 站点

　　将客户机上的一个文件复制到 FTP 服务器上以检测是否能进行文件上传。将 FTP 服务器上的文件如"公司简介.txt"复制到客户机上以检测是否能进行文件下载。

五、学习反思

1. 关于任务实现步骤

　　（1）在新建 FTP 站点前将"默认 FTP 站点"删除，是为了释放"默认 FTP 站点"所使用的 21 端口，避免新建 FTP 站点使用默认端口号 21 与默认 FTP 站点所使用的端口号产生冲突，造成新建 FTP 站点时出错。

　　（2）设置 FTP 用户隔离时，选择"不隔离用户"，是因为此 FTP 服务器是公司内部的 FTP 服务器，不需要在用户间进行数据访问保护。如果需要在用户间进行数据访问保护，可以选择"隔离用户"或"用 Active Directory 隔离用户"。具体详见"知识拓展"中的相应内容。

　　（3）设置用户对 FTP 站点访问权限时，"读取"和"写入"权限都选中，是因为公司的 FTP 服务器可以供公司员工上传和下载文件。"读取"权限对应下载权限，"写入"权限对应上传权限。

2. 关于管理 FTP 站点

　　（1）在更改 FTP 站点的属性前，应先停止要修改站点的运行，修改完成后必须启动才能运行；也可以先修改完站点的属性，后停止，再启动该站点，这样是为了更好地保护 FTP 站点信息的一致性。

（2）设置 FTP 站点的限制连接。设置 FTP 站点所允许的客户连接数是因为如果对连接个数不做限制，可能因 FTP 服务器的访问量过大导致连接超时，甚至死机。目前公司的计算机为 200 台，考虑到公司的可扩展性，故将 FTP 站点连接限制为 200 个（一般情况下，同时访问 FTP 的客户机数不会超过网络中客户机总数的 1/2，所以设置限制连接数为 200，对本公司的应用已经足够）。设置连接超时有助于减少空闲连接所造成的服务器处理资源的浪费。设置连接超时为 120 秒，是当客户连续空闲时间超过 2 分钟，服务器会自动断开该客户的连接。

（3）设置 FTP 站点的消息。设置 FTP 站点时，可以向 FTP 客户端发送站点的消息。该消息可以是用户登录时的欢迎用户到 FTP 站点的问候消息、用户注销时的退出消息、通知用户已达到最大连接数的消息或标题消息。标题消息在用户登录到站点前出现，当站点中含有敏感信息时，该消息非常有用。默认情况下，这些消息是空的。

（4）设置允许匿名用户访问。配置 FTP 服务器允许匿名用户访问 FTP 资源。IIS 自动创建名为"IUSR_computername"的 Windows 用户账户，其中"computername"是正在运行 IIS 的服务器的名称。这和基于 Web 的匿名身份验证非常相似。如果启用了匿名 FTP 身份验证，则 IIS 始终先使用该验证方法，即使已经启用了基本 FTP 身份验证，也是如此。

要使用户仅通过匿名验证来获得访问，选择"只允许匿名连接"复选框，这样可以防止使用有管理权限的账号进行访问，即便是管理员账号也不能登录，从而加强 FTP 服务器的安全管理。

六、知识拓展

1. 查看连接用户

以本任务中灵岩佳美服饰有限公司的 FTP 站点为例，在图 6-31 灵岩佳美服饰有限公司属性"FTP 站点"选项卡中，单击"当前会话"按钮，可以查看当前连接到 FTP 站点的用户列表，如图 6-35 所示。若有用户连接到 FTP 站点，可以从列表中选择用户，如本例中的"IEUser@"，单击"断开"按钮可以断开当前用户的连接。

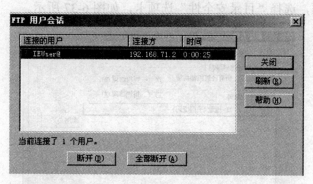

图 6-35　"FTP 用户会话"对话框

2. 设置所有 FTP 站点的公共消息

在"Internet 信息服务（IIS）管理器"中，展开本地计算机，右击"FTP 站点"文件夹，在弹出的快捷菜单中选择"属性"，打开"FTP 站点属性"对话框，选择"消息"选项卡，如图 6-36 所示。

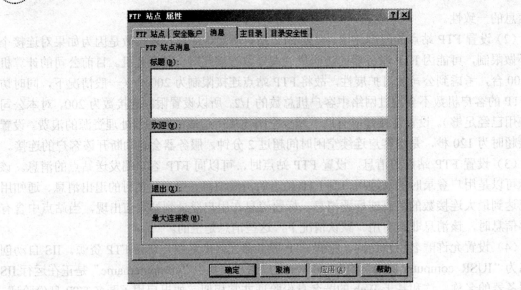

图 6-36　FTP 站点属性"消息"选项卡

在"消息"选项卡中的"标题"、"欢迎"、"退出"、"最大连接数"文本框中分别输入触发以上事件时，FTP 服务器发送给客户端的消息。

3. 设置指定 FTP 站点的 TCP/IP 地址的限制访问

以本任务中灵岩佳美服饰有限公司的 FTP 站点为例，FTP 组件允许对指定的 FTP 站点进行简单的访问控制设置，以达到限制部分 IP 地址访问 FTP 站点。TCP/IP 地址的限制访问设置步骤如下。

（1）单击"开始"－"管理工具"－"Internet 信息服务（IIS）管理器"，打开"Internet 信息服务（IIS）管理器"窗口，展开本地计算机，右击"FTP 站点"选项中的 FTP 站点，如"灵岩佳美服饰有限公司"，在弹出的快捷菜单中选择"属性"命令，打开"灵岩佳美服饰有限公司属性"对话框，选择"目录安全性"选项卡，如图 6-37 所示。

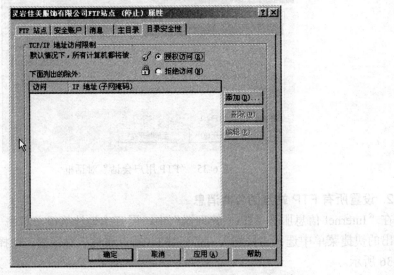

图 6-37　灵岩佳美服饰有限公司属性"目录安全性"选项卡

（2）在默认情况下，所有的计算机都被授权访问此 FTP 站点。单击"添加"按钮，打开"拒绝访问"对话框，如图 6-38 所示。在此，可以添加不允许访问此 FTP 站点的 IP 地址。其中，可以选择是拒绝一台计算机还是拒绝一组计算机。输入一台计算机的 IP 地址或一组计算机的网络号及子网掩码，单击"确定"按钮。

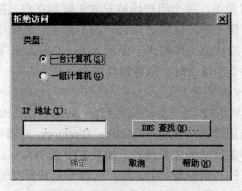

图 6-38　"拒绝访问"对话框

（3）如果只要几台特定的主机访问此 FTP 服务器，那么在灵岩佳美服饰有限公司属性"目录安全性"选项卡中选择"默认情况下，所有的计算机都被拒绝访问"，单击"添加"按钮，弹出"授权访问"对话框，如图 6-39 所示。在此，可以添加允许访问此 FTP 站点的计算机的 IP 地址，单击"确定"按钮完成。

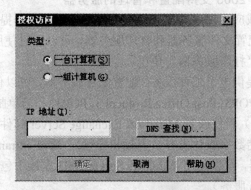

图 6-39　"授权访问"对话框

4. 访问 FTP 服务器的方法

（1）DOS 命令访问。单击"开始"→"运行"，在"运行"窗口的"打开"文本框中输入访问 FTP 服务器的命令，如 ftp、open、get、put、quit 等。

（2）浏览器访问。在浏览器地址栏中输入"ftp://"，后面是 FTP 服务器的地址，如"ftp://ftp.lyjmfs.com"。

（3）通过 FTP 软件访问。目前能够登录到 FTP 的软件很多，相对于前两种方法，通过FTP 软件进行访问更简单方便，而且功能更多。常用的 FTP 软件有 CuteFTP 等。

5. FTP 用户隔离支持三种隔离模式

1）不隔离用户

该模式不启用 FTP 用户隔离。该模式最适合于只提供共享内容下载功能的站点或不需要在用户间进行数据访问保护的站点。当用户来连接此类型的 FTP 站点时，它们都将被直接导向到同一个文件夹，也就是被导向到整个 FTP 站点的主目录。

2）隔离用户

该模式在用户访问与其用户匹配的主目录前，根据本机或域账户验证用户。每个用户的主目录都在单独 FTP 主目录下，每个用户均被安放和限制在自己的主目录中。除匿名用户可以访问公共目录以外的文件夹外，仅能访问自己的主目录。如果用户需要访问特定的共享文件夹，可以再建立一个虚拟目录。该模式不使用 Active Directory 目录服务进行验证。但是，当使用该模式创建了上百个主目录时，服务器性能会下降。

3）用 Active Directory 隔离用户

选择此选项将指定要将 FTP 用户会话隔离到在 Active Directory 账户设置中为每个 FTP 用户配置的主目录中。当用户的对象位于 Active Directory 容器中时，将提取 FTPRoot 和 FTPDir 属性，以提供用户主目录的完整路径。如果 FTP 服务可以成功访问该路径，则将用户放置在其主目录（代表其 FTP 根位置）中。用户只能看见其自身的 FTP 根位置，并因受限而无法沿目录树再向上导航。如果 FTPRoot 或 FTPDir 属性不存在，或这两个属性在一起无法组成有效且可访问的路径，则拒绝用户访问。

需要注意的是，此模式需要使用 Windows Server 2003 操作系统或更高版本操作系统运行的 Active Directory 服务器。也可以使用 Windows 2000 Active Directory，但是需要手动扩展用户对象架构。

6. Windows Server 2003 支持配置和管理的服务器

文件服务器为用户或应用程序共享并保存文件，打印服务器提供并管理到网络打印机和打印驱动程序的访问。配置文件服务器和打印服务器，可以通过使用"配置您的服务器向导"添加"文件服务器"和"打印服务器"角色。

邮件服务器向用户提供电子邮件服务。配置邮件服务器，可以使用 Windows Server 2003 家族中包含的邮局协议 POP3（Post Office Protocol 3，POP3）和简单邮件传输协议（Simple Mail Transfer Protocol，SMTP）组件或者 Microsoft Exchange Server 邮件服务器。

流式媒体服务器存储数字媒体内容（音频和视频），通过 intranet 或 Internet 传输到客户端。配置流式媒体服务器，可以使用 Windows Server 2003 家族中包含的流式媒体服务器组件（Windows Media Services 服务）。

证书服务为使用公钥技术的软件安全系统中所用证书的颁发和管理提供了可自定义的服务。"证书服务"和"证书颁发机构"管理单元，向单位提供了一种为在公钥基础结构（PKI）中使用而在服务器上设置和管理证书颁发机构（CA）的方式。配置证书服务器，可以使用 Windows Server 2003 家族中包含的"证书服务"组件。

WINS 服务器（Windows Internet，命名服务）用于将 IP 地址映射为 NetBIOS 计算机名，并将 NetBIOS 计算机名映射回 IP 地址。通过组织中的 WINS 服务器，可以按照计算机名而不是按照 IP 地址检索资源，因为计算机名更容易记住。如果计划将 NetBIOS 名称映射为 IP 地址或集中管理名称——地址数据库，需配置服务器为 WINS 服务器。配置 WINS 服务器：可以通过使用"配置您的服务器向导"添加"WINS 服务器"角色。

远程访问/VPN 服务器使远程客户能通过拨号连接或安全的虚拟专用网（VPN）连接访问专用网络上的资源。它们也提供网络地址转换（NAT），这使一个小型网络上的所有计算机能共享一个到 Internet 的连接。通过 VPN 和 NAT，VPN 客户端可以确定专用网络上计算机的 IP 地址，但 Internet 上的其他计算机则不能。配置远程访问/VPN 服务器，可以通过使用"配置您的服务器向导"添加"远程访问/VPN 服务器"角色。

远程访问连接启用通常适用于 LAN 连接用户的所有服务，包括文件和打印共享、Web 服务器访问以及邮件传输。

七、能力评价

序号	评 价 内 容	评 价 结 果			
		优秀	良好	通过	加油
		能灵活运用	能掌握 80% 以上	能掌握 60% 以上	其他
1	能安装 IIS 中的 FTP 服务				
2	能创建并管理 FTP 站点				
3	能使用浏览器访问 FTP 服务，执行文件的上传和下载				

单 元 小 结

FTP 服务器是使用文件传送协议（FTP）的通信服务器，利用它可以完成文件的上传和下载，达到资源共享。尽管 FTP 服务是 IIS 中的一个组件，但是在默认情况下，安装 IIS 时并不安装 FTP 服务，所以 FTP 服务必须手动安装。

安装完 FTP 服务器组件后，可以在 FTP 服务器上创建 FTP 站点。在创建站点前需要确定 FTP 站点的基本信息，如 IP 地址、域名地址、端口号、主目录和权限等。创建完站点后，需要对 FTP 站点进行管理，如设置 FTP 消息、连接限制、FTP 的身份验证以及访问控制等。最后，对 FTP 站点进行访问，以检测 FTP 服务器是否配置正确。

参 考 文 献

[1] 丛书委员会. 计算机网络技术基础. 北京：清华大学出版社，2006.
[2] 徐方勤，程新康，王亮，等. Windows Server 2003 网络管理. 北京：北京交通大学出版社，2009.